ミタカ

初めての彼女を作るために姉とフォロワーさんに相談しまくった自分磨きの話

KADOKAWA

はじめに

もう僕の人生は、このままずっと何も起きない。明日はどんな一日になるだろうか?とワクワクしていたころのことは、もう思い出せない。だって明日は、今日と同じだから。

家賃7万5000円のシェアハウスの一室で、適当に朝ごはんを食べて、仕事する。昼休憩には、近くの定食屋さんで日替わり定食を食べて、仕事が終わればスーパーのお惣菜とパックの白米をチンして食べる。

ごはんのあとはボーッとショート動画やYouTubeを見て、気が付いたら2~3時間経っている。就寝時間になったら、とりあえずベッドに入って目をつむる。

そして昨日と同じ時間にアラームがなって、適当に朝ごはんを食べて仕事する。明日は、今日がもう一度繰り返されるだけ。

このまま、こんな生活をずっと続けていくんだと思っていました。

ここまで読んで、「何こいつ絶対陰キャじゃん!」と思った方、正解です。

はじめまして。ミタカと申します。僕は今までの人生で彼女ができたことがありません。

ある日、喫茶店でパソコンを開いて仕事をしていたところ、隣にカップルが来ました。彼氏は「あと30分だね」と言い、彼女は「ね、楽しみ！」と答えていました。どうやらそのカップルは、映画の前に時間を潰しに来ていたようでした。

僕にとっての喫茶店は、仕事をしたりモーニングに行ったりする場所。目的を持って喫茶店に行きます。でもこのカップルにとっては、映画デートという主な目的があり、それまでにちょっと時間を潰す場所。

同じ場所だけど、恋人がいるだけで全然違う使い方だな……と思った記憶があります。なんだか少し虚しかった。

僕には彼女がいない。ということは、彼女とのデートの予定もない。映画までちょっと時間があるから、カフェでお茶しようか？となることもない。映画を観るときはポップコーンを一緒に分ける相手もいないから、いつも一人で食べて結構お腹いっぱいになる。

映画の感想を言い合う相手がいないから、一人で感動して、一人で面白がって、誰とも共有できずに頭の中の自分と話して終わる。このまま自分は、一生独りで生きて行くんだと思っていました。

だけど、本当は変わりたかった。独りで生きる覚悟を持てるほど僕は強くないし、誰かと価値観を共有したり、他愛ない話で時間を忘れて話したりしてみたい。ある日突然、別人のように変化することはできないけど、なにか今までの自分がやりそうもなかったことに挑戦できないだろうかと思い、Instagramを始めました。初めての彼女を作るため、今までやってこなかった自分磨きに挑戦する。その記録的な意味合いもありました。

数あるもののなかから、なんで陰キャがSNSを選んだのかと思われるかもしれませんが、ズバリ、思いつきです。僕はこの令和の時代に、Instagramを使ったことがありませんでした。というより、SNSというものをまったくやったことがありませんでした。

基本家に引きこもっていて、仕事以外の外出先はスーパーか定食屋さんなので、インスタ映えというレベルではなく、そもそも投稿するネタがありませんでした。だから、SNSは自分には無関係な存在だと思っていたのです。

僕には4歳上の姉がいます。僕と違ってファッションや美容に詳しく、恋愛経験も豊富。僕の自分磨きは、まず姉に相談することからスタートしました。

インスタに投稿するネタは分からないままだったけど、「とりあえずやってみるか！」くらいの気持ちで、「僕は人生で一度も彼女ができたことがない」という自分の紹介動画をアップ。僕の投稿を見てくれた人は分かってくれるかもしれませんが、当初の自分はダサすぎて、今見ると恥ずかしくて見てられません……。きっとバカにされたり、心ない言葉をかけられたりするんだろうなーと思っていました。しかし、予想とは180度違う現象が起きました。

恋愛強者の姉からの助言はいつも的確である（左上）。投稿すると、フォロワーさんからはDM（右上・左下）や、コメント（右下）で数多のアドバイスが届く。

投稿を見た方々が、コメントやDMなどで次々にアドバイスをくださったのです。僕の投稿はどんどん拡散され、急速に増えていくフォロワー数。「肌荒れには○○○がおすすめだよ」「こっちの服のほうが似合うよ！」「こんな受け答えだと好感が持たれやすいよ」など、さまざまな角度からいただくアドバイス。アカウントを開設して数か月後には、20万を超える方々に僕の自分磨きを見守っていただくという異常事態が起こりました。

こうして僕の自分磨きは、姉とフォロワーさんという強力な味方とともに進んでいくことになりました。

投稿を続けていたある日、フォロワーさんからいつか本になったら面白いね！とDMをいただいたことがありました。当時は、僕の話が本になるわけがないし、僕の人生がそんな面白いわけないでしょと思いながらも、心のどこかではそんな未来が来たら面白すぎるな、と笑っていました。

ところが数週間後、「本を出しませんか？」という連絡をいただきました。え、これドッキリ!?と思わず部屋にカメラが設置されているか確認。もちろん、そんなものはなかったです。

そして、本を出したらなんかかっこいいのでは？という浅はかな気持ちで、「やります！」と即答。

しかし、残念ながらこれを書いている今、僕にはまだ彼女ができていません。表紙を見て「彼女ができるまでの物語を読める！」と想像された方、ごめんなさい。

自分磨きに無知な僕へ、たくさんの情報をくれた20万人を超えるフォロワーのみなさん。そして、僕とは真逆の人生を歩んでいる姉からのアドバイスをもとに、部屋に引きこもっていた男が、大緊張しながら初めてのおしゃれ美容院に行ったり、マッチングアプリに挑戦したり、突然グルテンフリーを試したりと、自分磨きを通じて思ったことや感じたことを記しました。

自分磨きなんてしても、どうせ自分は変わらないと思っている人。昔の僕のように「変わりたいのに変われない自分が嫌いだ」と思っている人。そんな人たちが、僕の本を読んで「自分も変わってみようかな」と思ってくれたら、それだけでうれしいです。

ミタカ

目次

第2章

男の顔もケア次第…061

（第3章）

ゼロから体を整える

※本書に掲載している情報は、2024年8月現在のもので変更になる場合があります。あらかじめご了承ください。
※本書に掲載しているコメントやDMのスクリーンショット画像、マッチングアプリで出会ったエピソードなどは、相手方の許可を得たうえで掲載しております。

登場人物紹介

ミタカ

現在24歳（＝彼女いない歴）の社会人。2023年11月、人生初の彼女を作るために、意を決して、顔出しでインスタのアカウントを開始する。姉やフォロワーさんの助けを借りながら、自分磨きに奮闘中。
Instagram：@mita_ka_life

姉

4歳離れたミタカの姉。ファッションや美容などの知識が豊富なキラキラ系女子。キャバクラでナンバーワンだった経験もあり、コミュ力も抜群。自身の知見から、厳しくも優しくミタカを支える。
Instagram：@noren_lifework

フォロワーさん

ミタカのインスタをフォローし、彼にアドバイスを送る救世主たち。その数、20万人超（2024年8月現在）。彼が投稿するたびに、DMやコメントなどで数多くの助言をしてくれる心強い存在。

序章　僕は人生で一度も彼女ができたことがない

僕は、中学生や高校生のころからずっと人とコミュニケーションをとるのが苦手で、クラスの中では陰キャのなかの陰キャ。男友達はいるものの、女子との交流はまったくできなくて、一緒に遊びに行くことも、まともに話すことも避けてきました。

では、もとから人と関わるのが苦手だったかというと、そんなことはありません。小学生時代の僕は、意外にもネタキャラのような立ち位置にいて、女子とも普通に話せていました。男子と女子、そこに違いはなかったんだと思います。

その認識が変化したのは、小学5、6年生くらいだったと思います。ある日、男友達がこんなことを僕に言いました。

「俺、彼女できたんだよね」

「……カノジョ？」

その何気ないひと言が、〝女子〟だと思っていた人たちを〝女性〟に変化させました。

彼女っていったい何だろう、付き合うってどういうことなんだろう。考えてみたものの、僕には何も分かりません。

クラスの中でカップルができると、なんとも言えない空気ができあがるという体感も、僕のモヤモヤを増幅させることになりました。それまでは、二人が話しているくらいでは誰も気にしなかったのに、付き合いはじめた途端にクラスの意識が二人に集中するあの独特な感じ。まわりで見ている人たちはちょっとニヤニヤしていて、話し終わった女子は女子グループのもとに走って去っていく。そして湧き上がるキャーという声。

付き合うと何が変わるのかは分からないけど、明らかに空気や接し方が変化したのは分かります。チラホラと付き合う人たちが増えてくると、手を繋いだり、一緒に帰ったり、休み明けには「デートに行ってきた」と話をする人もいて、僕は女子とどんな距離感で話したらいいのか分からなくなってしまいました。

中学生になっても、男子とはバカみたいな話で盛り上がって爆笑できる。でも、このテンションで女子に話しかけたらどんなふうに思われるのか。そんなことを頭で考えていたら、何も話せなくなりました。

「気持ち悪くない？」
「あれが面白いと思ってんの？」

頭の中で女子と話すシミュレーションをしても、毎回バッドエンド。実際に言われたわけでもないのに、「気持ち悪いって思われるくらいなら何も話したくない」と内側にこもるようになります。その結果、僕は人とのコミュニケーションから逃げ続け、大人数での行動や会話、さらに人の目を見て話すことも苦痛になってしまいました。

そんな僕も、まったく好きな人ができなかったわけではありません。いいなと思う女子は当然いました。しかし、自分から話しかけられない僕は、相手の気が向いたときに話しかけてもらえたらラッキーくらいの感覚で常に受け身状態。

普通の会話すら自分からは話しかけられないので、「好きです」と告白することはおろか、どこかに遊びに行くことも、自分の趣味について話すこともできません。たまに話しかけてもらえても、上手い返しもできなくて3秒で終わる会話もありました。

「消しゴム貸して？」

「あ、……うん。はい」

F1レースのように通り過ぎていく会話。レースなら好タイムといったところかと思いますが、女子との会話では赤点レベルです。

こんなにコミュニケーション能力に問題のある僕が何を言っているんだ、と思われるかもしれませんが、大学受験を控えていた僕が目指していた仕事は、人の心に寄り添う仕事。具体的には、心理カウンセラーや臨床心理士……になるのかな？

きっかけは、知り合いの紹介で出会った一人の精神科医。当時、将来の仕事に悩んでいた僕は世間話のつもりで、その人に悩んでいることを話してみました。

多くの大人たちが「キミにはこんな仕事が向いているよ」と具体的な話をするなか、その人は淡々と精神科医という仕事について教えてくれました。仕事のやりがいや、つらさ、人はどんなことで悩み、どうやって手助けするのか。

そして、その会話の中で出てきた一つの言葉が今でも僕の記憶に残っています。

「自分の言葉は他人を変えるんだよ」

僕も、誰かが悩んでいるなら助けになりたい。そんな憧れを抱きました。そして、その憧れにつながる大学を受験しました。

さまざまな事情もあり、浪人はしないと決めた背水の陣で臨んだ受験。合格発表の日……、残念ながら僕の受験番号はありませんでした。

そこで僕は、憧れの仕事は諦め、別の道で働くことにしました。

当たり前ですが、仕事のうえでもコミュニケーションは絶対に必要です。しかし、目を見て話すことも苦痛になってしまうくらい、人とのコミュニケーションをサボってしまっていたので、仕事そのものにも支障が出る場面もあったと思います。

日頃の会話が少ないせいで「とっつきにくい人だな」と思われるのも、後輩に舐められるのも、その結果仕事が上手く進まないのも……全部自分のせいです。

このままではダメだ！と思い立ち、コミュニケーションについての本を読みあさったり、分からないことはネットで調べたりしながら、なんとか仕事に支障がない程度のコミュニケーション力を手に入れることができました。

それでも、まわりにいるコミュニケーション強者とは比べ物になりません。社会に出てみると、コミュニケーションのとり方には人それぞれの特徴があるんだなと気付かされました。例えば、失敗してもなぜかまわりを笑顔にする人、やっているというアピールをしなくても信頼を獲得する人、この人についていこうと思わせるような気概を感じる人など、いろんなタイプがいます。

僕の場合は、それについての講座や本をメインに勉強していたのですが、コミュニケーションはこんなにも言語化できるジャンルなのかと驚きました。正直、勉強する前は、その人が生来持っている性格のようなものだと思っていたので、陰キャは生まれながらに陰キャだし、快活な人は生まれたときからそういう性格なんだと思い込んでいました。だけど、それは違うようです。コミュニケーションについて書かれた本はたくさんあって、そのどれもが実践可能な内容です。

コミュニケーションも反復練習をして改善していけるものなんだと分かってからは、自分も変われるかもしれないという希望を感じるようになりました。諦めの境地から抜け出せたのは大きな一歩です。

昔から、何かを分析したり調べたりするのが好きな僕は、あるとき人間の幸福度に関する論文を見つけ、夢中になって読みました。そこには「良質な人間関係が人生を豊かにする」と書かれていて、自分の人生について考えるきっかけをもらったような気がします。

このころ、ちょうど仕事先の女性で素敵だなと思っていた人がいました。その女性は、話をするのが上手な人。頭の回転も速く、どんな話をしても会話が広がるので、一緒にいると自分がコミュニケーション下手ということを忘れてしまうくらいです。

でも、その居心地の良さに甘えて、嫌われることを恐れた結果、僕は告白することができませんでした。

断られるのも怖い。
嫌われるのも怖い。
それならいっそこのままでいい。

僕が仕事を辞めるタイミングでその女性も辞め、今では連絡一つ取っていません。チャンスがなかったわけではないのに、何も行動には移せませんでした。高校生のころから変わっていない自分に失望しました。

こんなに仲良くなれた人にも「好き」と言えないなら、これから先もきっと言わないんだろうなと思ってしまいました。

もういっそこのまま一人で生きていこうか。そんなふうに考えたこともあります。できないならできないと諦めて、人生を歩むのも一つの選択です。

しかし、まわりの友達には次々と彼女ができて、仲が良さそうな様子を見ると、やっぱり心の中では「いいなぁ」とつぶやいてしまう自分がいます。友達が、「彼女とケンカした」という話を聞くのですら羨ましい。僕だって、できるものなら彼女と大ゲンカをしてみたいです。

僕たちの世代は「恋愛や結婚に興味がない」と思われがちです。しかし、少なくとも僕のまわりにはすでに付き合っている人や結婚を見据えている人が多く、僕のように「興味はあるけど積極的になれない」という層も含めると、全然興味がないと思っている人は少ない気がします（あくまで僕の体感です）。

世間で言われている「最近の人は恋愛や結婚に興味がないらしい」という話を鵜呑みにして、みんなが興味ないなら自分も……と積極的にコミュニケーションをとらなかった結果が僕です。友達に彼女がいるのを羨ましいと感じたとき、僕は自分が思っていることを素直に言葉にしてみることにしました。

日常にパートナーができるってどんな感じだろう。
ケンカしたらどうやって仲直りするんだろう。
信頼できる異性って友達とは違うんだろうか。

……彼女が欲しい。心からそう思いました。そんな気持ちから始めたのが、Instagramです。ただ、普通に彼女を募集したところで、こんな陰キャで彼女いない暦＝年齢という男には興味すら持ってもらえないのが現実。まずは、恋愛の土俵に上がることを目標に、僕は自分磨きをすることにしました。

これまでも、何度か筋トレやファッションに興味を持ったことはあります。しかし、変わる前に挫折を繰り返し、結局変われませんでした。

仕事を頑張って稼いだお金を、惜しみなく投資する。
本気で自分磨きをすると決めた僕の、奮闘の記録を綴ります。

Before

※2023年11月の僕

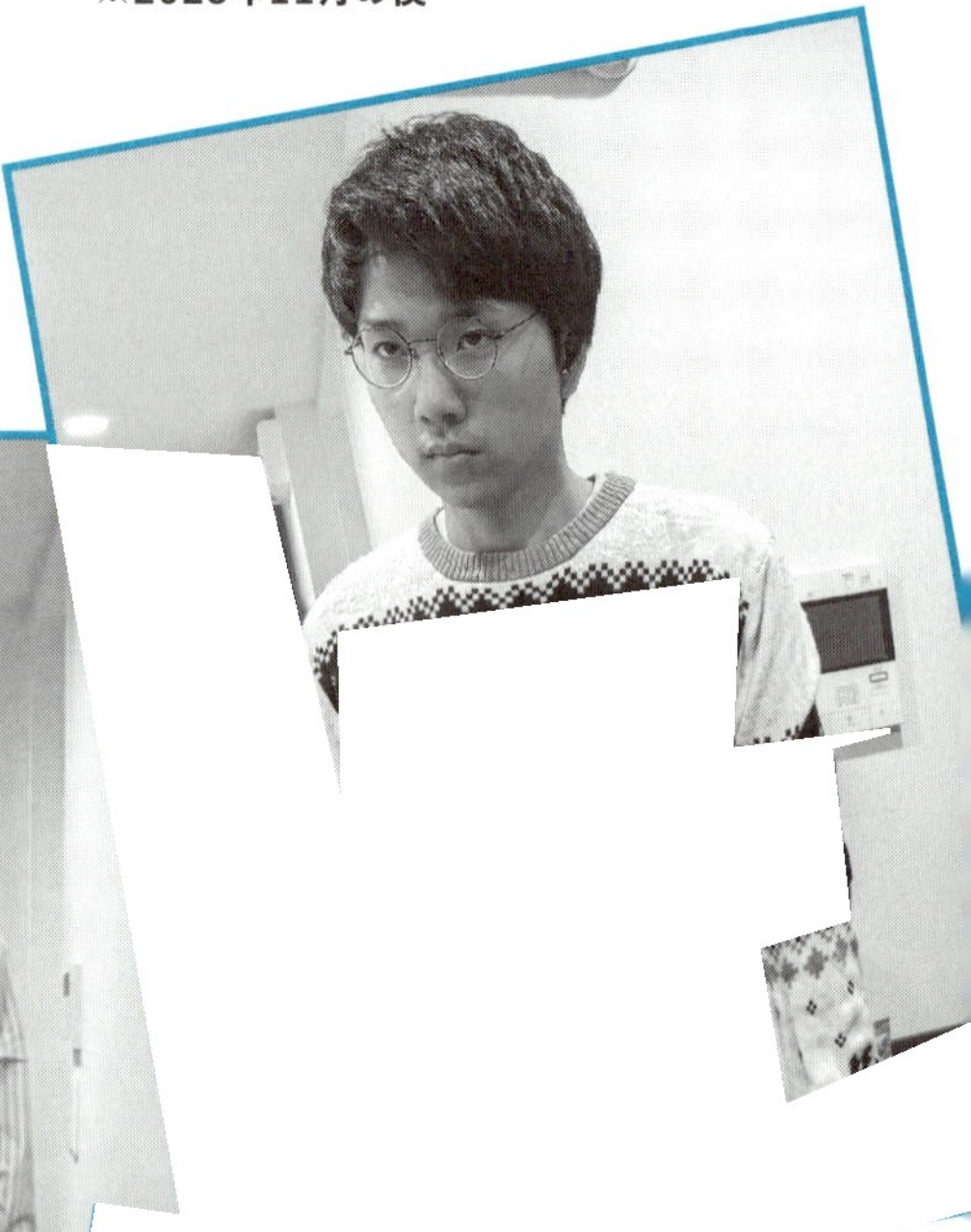

〔第1章〕
脱・ファッション音痴

清潔感の正体

自分磨きをすると決めたはいいものの、何をしたらいいのかまったく分からない僕は、まずGoogle先生とチャットGPT先生に助けを求めた。いつも困ったときには明快な答えをくれる先生だ、頼りにしています！

「先生、自分磨きとはいったい何ですか？」

「まずは清潔感を身につけましょう。服は流行を意識することが大切です。最近ではオーバーサイズが流行っているので、参考にしてみてください」

清潔感？　僕、毎日お風呂に入っていますし、清潔なはずです。

オーバーサイズ？　ちょっと大きめってことですよね？　分かります。

書いてあること自体の意味は分かるけど、かなり抽象的な情報しか手に入らない……。

どうしたものかと悩んだ結果行きついたのは、恋愛強者である姉だった。姉は僕とは違って、おしゃれという武器を早々に使いこなし、男の僕から見てもかっこいい彼氏と同棲をしている。……悩みをぶつけるには最適じゃないか！

しかも、姉は以前少しだけキャバクラで働いていた経験もあり、恋愛以外の人間関係やコミュニケーション能力も高い。もちろん向き不向きもあるとは思うが、キャバクラではかなり速いペースでナンバーワンになっていて、実績としても申し分ない。

よし、さっそく姉に相談してみよう。まずは自分磨きについて調べたことを伝える。

姉
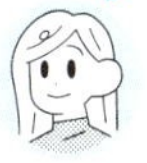

「とにかく清潔感がないと話にならないからね。清潔感がないだけで恋愛対象から外れるからマストだよ」

いやだから、お風呂には毎日入っているし、髪の毛も洗ってますって！ 清潔感について理解を深めるために、姉に細かい説明を求めてみた。

姉

「不潔なのと清潔感がないのはまったく違うことだから。髪の毛ボサボサで、服はシワだらけ。服の選び方に至っては、自分に似合うものを分かってない」

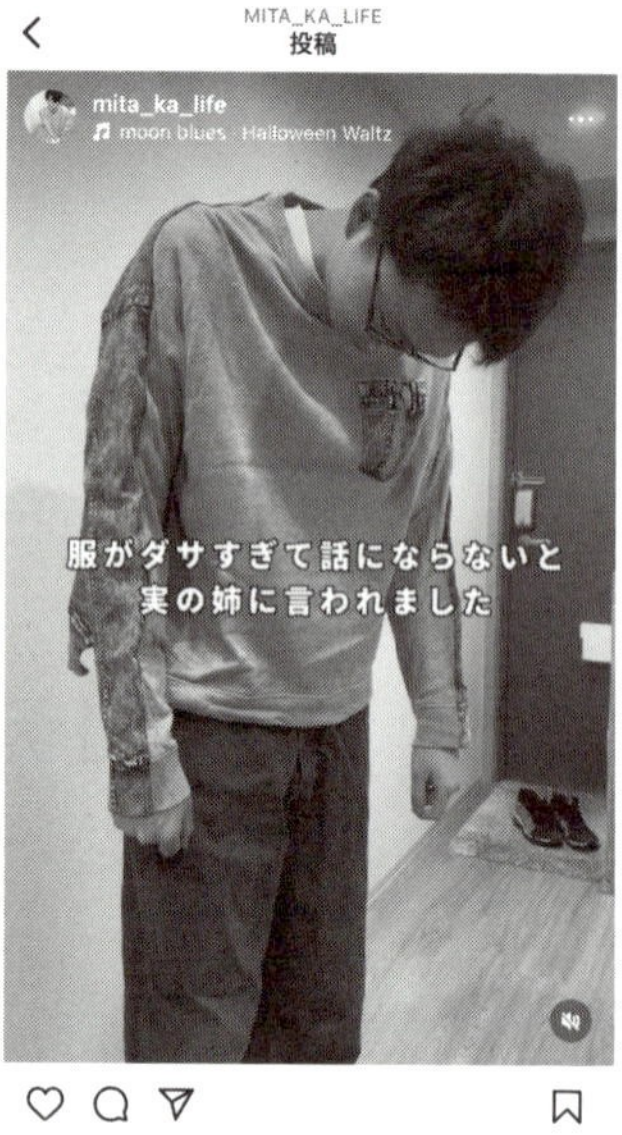
MITA_KA_LIFE
投稿
mita_ka_life
moon blues · Halloween Waltz
服がダサすぎて話にならないと
実の姉に言われました

姉にダメ出しをされた当時の僕の服。

……おぅふ。マシンガンのように飛び出すダメ出しの数々。傷つきながらも、僕は姉に聞いたことは間違いではなかったと確信した。オブラートに包まないからこそ、自分のダメな部分が分かりやすい。新たな先生を見つけた瞬間だった。

姉から聞き出した「清潔感を高めるために必要なこと」をリストにしてみる。

・服をどうにかする

・メガネはコンタクトに

・肌をきれいに
・髪型をどうにかする
・眉毛を整える
・ヒゲを整える

……思っていたよりも多い。そして細かい。正直「こんなに細かいところを他人は見ているのだろうか？」と思った。少なくとも僕は他人の身なりをこんなに意識したことがない。

しかし、先生の言うことなのできっと間違いではないのだろう。とにかく自分ができることをやってみようと、まずは服を選ぶところから始めることにした。

壊滅的なファッションセンス

姉からのアドバイスをもらう前までは、おしゃれ＝個性的だと思っていた。いや、それ自体はきっと間違っていないんだろうけど。個性的＝柄物を取り入れるという方向に進んだ結果、僕はとにかくカラフルな柄物の服を着ていればおしゃれなのだと信じていた。

しかし、姉の話を聞くかぎり、そうではないらしい。柄物を上手に取り入れるのは、ファッション上級者がすることみたいだ。

今までは、服を買うときにも店員さんに「このポケットの形が個性的でかわいいですよね」と言われたら、「ファッションの最先端にいる店員さんがすすめてくれているのだから、間違いないはずだ！」と思っていた。念のために言っておくが、店員さんは何一つ悪くない。

これは、かわいいポケットがついた服を着こなせなかった僕の責任だ。店員さんは、僕が普段どんな服を着ているのかも知らないし、どんなものに合わせるのかも分からないのだから、１００％好意ですすめてくれているのは分かっている。

その足で違う店をハシゴして、個性的な服をすすめられるままに買ってしまうので、結果的に色やデザインが大渋滞してしまうのだ。

僕だって10代のころは、おしゃれを意識してみようと思ったことはある。そのときは有名な芸能人のSNSをチェックして、コメント欄に「そのシャツかわいいですね」と反応があったものとまったく同じシャツを購入した。

シャツに4万円も支払ったのはそれが初めてだった。しかし、このシャツ、姉からは圧倒的に不評。いや、おかしい。なにかがおかしい。かわいいと褒められていたシャツを買ったのに！　そして高かったのに！

4万円のシャツを着て鏡をのぞき込む陰キャ（僕）。

「シャツはかわいいよ？　でも着こなせてないよね。似合ってないよね？」

言われてみれば、芸能人が着ていたときとはなんだか印象が違う。問題なのは、シャツではなく自分自身の着こなし力なのだ。実は、このシャツには後日談がある。ある日、僕のフォロワーさんからこんなＤＭが届いた。

「私の4歳になる子どもも、ミタカさんと同じ服持っています！」

どうやら、そのブランドは大人サイズだけでなく、子どもサイズも展開しているようだ。添えられた写真には、僕が着こなせなかった同じ柄のシャツを着てニッコリとほほえむ子どもの姿があった。

「僕のせいでダサい服代表みたいになってしまってすみません……」

そう返信して、服に罪はないということを再確認したのだった。そして、このＤＭは、姉から言われた「似合っていない」の証明にもなった。なにも分からない僕にも分かるように、姉からいくつかの提案があった。

姉

「よう分からんポケットがついている服は捨てな」
「あと、変な柄物の服も捨てな」

う〜ん、単純明快！ そして、僕のファッションセンスを不安に思った姉からすぐに追撃のＬＩＮＥが届く。

姉

「とりあえずコレ着な」

すすめられたスクショには、柄がまったくない超シンプルな組み合わせが並んでいた。存在感のない僕がこんな柄のないものを着たら、壁と同化してしまうのではないか？ こんなにシンプルなもので本当にオシャレ感を醸し出せるのか？ なんか騙されてない？ 僕、さらに地味にならない？ あまりにも柄物からかけ離れた提案に驚きつつも、僕は言われたとおりに服を買いに行くことにした。

シンプルイズベスト

通常のアパレル店に行くと、店員さんから「気になるものがあったら声かけてくださいね」とか、「試着もできますんで～」と声をかけてもらうのだが、コミュニケーション力が低い僕はそのたびに「あ、はい」と返すことがほとんど。この瞬間はいつも緊張する。だから、服を買いに行くときはそわそわしてしまう。

姉に相談する前から若干落ち着きがなかったが、姉から提案されたコーディネートはかの有名なユニクロ様！　僕でも緊張せずに買い物ができる唯一の場所、というのはさすがに大げさだが、僕の心持ちとしてはかなり楽になった。

ユニクロのサイトで事前に自分のサイズをチェック。目当てのアイテムを狙い撃ちして向かうことにした。いざ手に取ってみると、いつも着ている服とは違ってなんだかサラサラした生地でできている。

ミタカはシンプルな服を手に入れた！

家に帰ってさっそく着替えてみる。似合っているかどうかの判断は、おしゃれ初心者の僕には分からなかったが、とりあえず印象が全然違う。今までは店頭でモデルさんが着用している服を家に帰って着ると、どうしても〝コレジャナイ感〟があった。しかし、今回のコーディネートはその違和感がない。

もしかして、シンプルな服って「想像と違った」という振れ幅が極端に少ないのではないか？　服に着られている感ではなく、服を着ている感じがする。

僕、やっと服を着られました（危険な表現）！

ひとまず、外に出て恥ずかしくなくなった？

いつもはもっさりして見える僕が、今日はスッキリして見える。これなら、柄がなくてもおしゃれになれそう。ほんの少しだけ、光が差した気がした。
シンプル服を着た様子を動画にして、インスタへと投稿するとさまざまな意見が届いた。
そのなかには、どこかで聞いたことのあるフレーズが並んでいる。

フォロワーさん

「オーバーサイズで着ると、もっと似合うと思います」

ハッ！　自分磨きについて調べたときに、Google 先生が教えてくれたオーバーサイズ。
最近の流行だという情報を仕入れていたにもかかわらず、すっかり記憶から抜け落ちていた。

おしゃれへの道は長く、険しい。

僕に似合う色はありますか？

僕の好きな色は青。だけど、自分に似合っているかは分からない。好きだからといって、良い関係になれるかは分からないなんて恋愛みたいだ。……おっと、一人でしんみりしている場合ではない。

某芸能人がとある番組で、こんなことを言っていた。

「白って200色あんねん！」

ということは、僕の好きな青も200色くらいはあるってことでいい？ 選択肢が増えてしまったことで、自分では似合う色を見つけられない気がしてきた。ただ一方で、200色以上あるなら、僕のことを好きになってくれる青もいるかもしれないと、ポジティブな考えも同じくらいに湧きあがる。

フォロワーさん

「パーソナルカラー診断をしてみてはどうですか？　客観的に見た、自分に合う色を教えてくれますよ」

そんなとき、おすすめされたのがこちらの診断。これから服を買いそろえることも考えると、自分に似合う色を知るのは大事なのかもしれない。実際にパーソナルカラー診断の専門店へ行く前に、YouTubeで情報を仕入れることにした。しかし、首元に布を当てられて会話をしている動画からはなんの変化も感じられない。

「ほら、これだと血色が悪く見えるんです」
「本当だ～。印象が全然違いますね」

画面越しだから分からないのか、僕に違いを感じる能力がないのかは分からない。そういえば、テレビでよく見かける美容グッズのビフォーアフターですら、「どっちがビフォーでどっちがアフター？」と分からないことのほうが多い。もし、実際に行ってみて全然効果が感じられなかったらどうしよう。お金も時間も無駄になるかもしれない。延々と説明してくれる診断士さんに適当な相槌を返すことになるかも。

いや！　やらない理由を探しちゃダメだ。まずは行動あるのみ。今までも何度かおしゃれになりたいと思ったけど、途中でやらない理由を考えては諦めてきた。僕は変わるんだ！　今度こそ、絶対に。フォロワーさんからＤＭでお店の情報がたくさん来たので、スタッフさんの人柄が良さそうで話しやすそうな雰囲気のお店を選んだ。ちなみに、パーソナルカラー診断前日、姉に「明日行ってくるよ！」と連絡を入れたときの反応がこちら。

「弟の口からパーソナルカラーなんてワードが出てくるとか感無量」

いざ、出陣！　緊張のあまり水をがぶ飲み。店に着くまでのあいだにかなりの量を飲んでしまった。店に入ってからもそわそわが止まらない。

席に案内されると、まずはヒアリングがスタート。仕事でパキッとした印象にしたいのか、ベストな私服を探しているのかなど、こちらのイメージを確認する。今回は、ベストな私服を探したいと伝えて、色とのマッチングをお願いした。

次は待ちに待った診断。YouTubeで予習したときのように、鏡の前にある椅子に座って、次々と顔回りに色のついた布を当てていく。診断は春・夏・秋・冬の勝ち抜き戦。色の明度や印象を4種類に分けたものらしく、自分に当てはまる季節の色から選ぶと、違和感が出ないそうだ。

●第一ラウンド　秋VS冬

冬って単語だけ聞くと、寒色ばっかりが集まるイメージだが、先ほども書いたように明度によっても変わるので色は豊富。実際に顔まわりに秋と冬の布を当ててもらうと、驚くほどの違いがあった。僕の場合は冬だとヒゲが濃く見えるみたいだ。元々、ヒゲが濃いのは気にしているので、冬は僕に最も縁遠いことが分かった。

●第二ラウンド　秋VS夏

「ほら、これだと血色が悪く見えるんです」
「本当だ〜。印象が全然違いますね」

どこかで聞いたことのあるセリフが自然に口からこぼれる。あ！　これYouTubeで見たやつだ。もし、自分のパーソナルカラーを小学生のときに知っていたら、学校を休みたい日には夏にカテゴライズされた色の服を着ていったかもしれない。冗談を言っていないで、次行きます、次！

●最終ラウンド　春ＶＳ秋
イエローベース同士の戦い。勝者は春！　さらに細かく見ていくと、春のなかでも暗めの春がより似合うらしい。

そして、パーソナルカラーの春のなかから、僕に似合う青を見ていくと……さわやかな色の青が登場。僕の好きな青だ。そして、僕のことを好きな青だ！

反対に、僕と相性が良くないのはくすみのある青。暗めの春が似合うと言われたけど、青はくすんでいないほうがいいということか。こういった違いを自分で知るのはなかなか難しいので、勇気を出して来てみて良かったなと思った。

YouTubeで予習したときには、色の変化が分かりにくかったけど、実際に布を当ててみるとまったく印象が違うということに驚いた。最初は「本当に自分に似合う色が分かるんだろうか？」と半信半疑だったけど、コメント欄であんなにパーソナルカラー診断をおすすめされていた理由が分かった。

さらに、新たな色との出会いもあった。「僕には原色に近い色は似合わないだろう」と決め込んでいたのだが、どうやら黄色であれば原色に近くても似合うらしい。

いつもは自分から手に取らない色。黄色は陽キャの色、みたいなイメージがあったからどこか敬遠していたんだと思う。

僕も明るい色を着こなせる、着てもいいんだと思えるようになって、たまには黄色のことも気にかけるようになった。まだ積極的に距離を縮められてはいないけど、いつか黄色のことも青と同じくらい好きになれたらいいなと思っている。

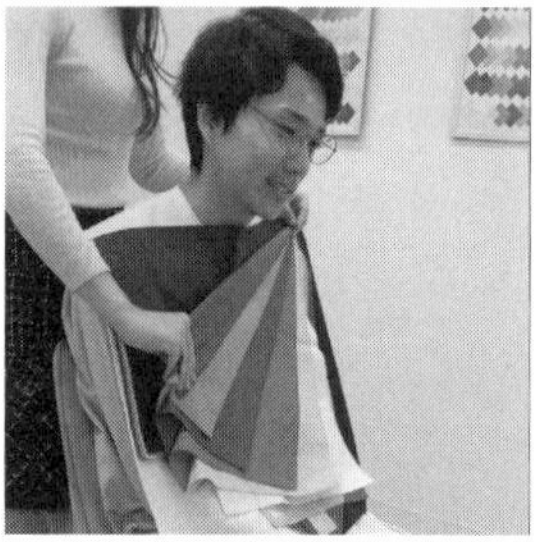

初対面の人と上手く話せず、終始ニヤけて終わってしまったカラー診断。

人生初のハイネックニット

自分に似合う色、トーンが分かったので冬物を買い足しに行く。だけど、事前準備をせずに買い物に行くと、僕の〝柄物本能〟がいつ暴れてしまうか分からない。ここは慎重にシンプル服を手に入れなければ……。

そこで思いついたのが、マネキン買い。だけど、ただ店頭に行ってマネキン買いをしてもつまらないので、事前にインスタライブをしてフォロワーさんに僕に似合う服を紹介してもらった。これがめちゃくちゃ楽しくて、テンションが上がった！

情報が増えすぎると結局何を選べばいいか分からなくなってしまうかもと思っていたが、「これも似合いそう」「あれも似合いそう」と次々に出てくる新たな服との出会いに、胸が躍った。インスタライブでフォロワーさんに紹介してもらったアイテムが、ハイネックニット。

僕は今までハイネックニットと交わらない人生を過ごしてきた。服は機能性と利便性を優先し、首元がもたついていると着心地が悪いだろうなぁという先入観から不用意に襟が高いものは選ばなかったのだ。つまり、これはハイネックニットデビュー。

街を歩いて、運よくハイネックニットを着ているマネキンと出会うのは難しそうなので、事前にネットという大海原へ宝探しの旅へ。脳内では『パイレーツ・オブ・カリビアン』の音楽が大音量で流れはじめる。

——1時間後。

無事に狙いが定まったので、お目当ての服を求めに新大陸GUへ。今回はしっかりと試着をして襟の高さをチェック。初めてのハイネックニットの感想は……。

あったかぁい。

着心地よすぎぃ。

誰だ、首元がもたついていると着心地が悪いだろうと思っていたヤツは。今すぐ僕の前に来て土下座してほしい（数か月前の自分）。

お会計を済ませて家に帰ってからは、この服が自分に合っているのか、おしゃれ度がアップしているのか。早く動画を上げて反応を見たい。似合っていると言われるのか。それともちょっと辛口なコメントが来る？　服に対してこんなにいろんなことを考えたのは初めてかもしれない。

これから先の服選びもいっそう楽しみになる、ハイネックニットデビューだった。

首がもたついていないことを確認し、ホッとひと息ついている瞬間の僕。

1足しかない僕の靴

おしゃれは足元からという言葉を聞いたことがある。だけど、僕はそれを実感したことがない。なぜなら、僕には靴が1足しかないからだ。昔から、ずっと1足を履きつぶして、限界を迎えたら新しいものを買うというサイクルで生きてきた。同時に何足も履くわけではないし、もったいないとすら思っていたのだ。

ちなみに、僕と同じくらいモテない友達に話を聞いたところ、彼も1足しか靴を持っていないという。「あ、そうだよね！　一緒だね」と安心しかけたが、もしかしてモテない人間の共通点なのではと考えたら、ちょっとだけ怖くなった。

ハイネックニットコーディネート（呪文かな？）をフォロワーさんに披露したとき、こんなアドバイスをいただいた。

「この服なら革靴を合わせてもおしゃれだと思う」

自分磨きを意識するなかで、「やってみて初めて分かった」という成功体験が自分の中に積みあがっていたこともあって、このアドバイスが胸にストンと落ちてきた。おしゃれのことを何も分からなかった僕が、教えてもらったことを意識した結果、実際に変わってきたんだから、靴を替えたら新しい発見があるかもしれない。いいや、あるはずだ。

今回お迎えした靴は、本革なのにかっちりしすぎていないもの。スニーカーから革靴に履き替えるだけで、「ちょっと大人〜」な感じになる（語彙力低）。たぶん、上級者は、質感以外にも差し色だったり、ワンポイント的なおしゃれだったりを取り入れているんだろうけど、今の僕にはこれくらいがちょうどいい。

スニーカー2足と革靴1足になり、少しだけファッションの幅が広がった。

2024年8月現在、僕の靴は3足に増えた。

顔診断と骨格診断

フォロワーさん

「ほかにも、顔診断と骨格診断という面白い診断もあるよ」

パーソナルカラー診断を終えたあとに、フォロワーさんから「こんな診断もあるよ」と教えてもらった。

この2つの診断は似合う色だけでなく、生まれ持った骨格に似合う着こなし方、さらに顔の形やパーツの印象からその人に合ったメガネの形などを教えてくれるという。頼りになる〜！　今回もフォロワーさんから来たDMのなかから、行く店を決めた。

●顔診断

顔診断では、まず顔写真を撮影。その写真をもとに自分の顔の特徴を分析してくれるのだが、これがすごく面白い！　これまでは視覚的に見て「違う」ということは分かるけど、自分の印象が変化した理由を言語化できなかった。

この顔診断では、そもそも大人っぽい顔か童顔かでいうと童顔寄りで、個性的な柄物や髪型は基本的には似合わないことなどを教えてくれた。

つまり、僕がかつて愛した柄物たちはことごとく相性が良くなかったということ。柄物を着るなら、ストライプなど主張しすぎないものを選ぶのをすすめられた。

ちなみに、診断結果は「フレッシュ」と呼ばれるタイプだということが判明！　芸能人でいうと田中圭さんや坂口健太郎さんが同じタイプになるそうです（あくまでも似ているタイプというだけで、同じくらい素材がいいとはまったく思っていません。ファンの方もそうでない方も安心してください）。

ただ、同じタイプの人を参考にして、ファッションを組み合わせると大きな失敗はしないとのこと。これはかなり分かりやすいし、ファッション例もたくさん見つかりそう。

また、メガネについてもかなり細かく自分に合うものを教えてもらった。僕の場合、目の印象がそこまで強くないので、フチが太いメガネよりはフチが細めのほうが似合うらしい。

さらに、縦横比「16対11」を選ぶとなお良い、と比率まで教えてくれた。数字で聞くとなんか落ち着く。心強い。

●骨格診断

骨格診断では、手の形や体つきを見てもらって、実際に服を着て比較する。なぜ手を見るのかというと、服に合わせたアクセサリーや小物の質感は手の形や大きさによって変わるそうだ。

たしかに、ちょっとゴツゴツした手の人もいれば、華奢できれいな指をした男性もいる。いつもは自分の手しか見ていないので、自分がどんな手をしているのかも判断できない。客観的に自分を知ることができるという意味でも、すごく勉強になった。

もしかしたら僕の人生史上、最も着替えたのはこの日かもしれない……というくらい次々に着替えが準備されていた。自分のクローゼットには入っていないようなジャケットや、いつもは選ばないような質感のパンツ。その道のプロたちが唸りながらすすめてくれたアイテムは、どれも素敵だった。

なかでも、肩幅の広さが強調されるジャケットを着たときには、自分のコンプレックスが長所に転じた気がした。僕の体は、肩幅がやたらと広く、そこからお腹に向かっていくにつれてヒョロヒョロになっていく。

このアンバランスさが僕にとってはコンプレックスだった。しかし、すすめられた服に袖を通すと、肩幅の広さは分かるのに、ヒョロヒョロ感が薄まっている。短所と長所は裏表なんていうけれど、良いところだけを表現できるのがファッションなのかもしれない。

骨格診断の結果、僕は「ナチュラル」に分類された。生地は柔らかいものよりもハリのあるもののほうが似合うらしい。ジャケットを購入するときには〝丈長×生地しっかりめ〟を意識して選ぶといいとのこと。

骨格から分かることとは、服のことだけではない。骨格によってどこに筋肉がつきやすいのかなども把握できる。これは、あとに紹介する筋トレにもかなり役立ったので、そちらに興味がある人にもおすすめしたい！

僕はまだまだ勉強中で、ファッションに詳しいわけでもない。しかし、ファッションに興味を持ってから、僕は感じるようになったことがある。

それは、ファッションで一番大切なのは自分をきちんと把握するということ。今考えれば当たり前なんだと分かるけど、おしゃれとは、いい感じのアイテムを身につけるかどうかではない。僕は、世の中に「誰でもおしゃれに見える服」というものがあると思っていた。その基準が金額だったりブランドだったりするのだろうと。

しかし、自分の体形や印象に合わせて服を選ぶことがきっと一番大事。どんなにシンプルな服装だって、自分のことを理解して着ればそれは立派な個性になる。柄に頼らなくたって、生まれ持った体格に寄りかからなくたって、おしゃれになることは諦めなくていいんだって思えるようになった！

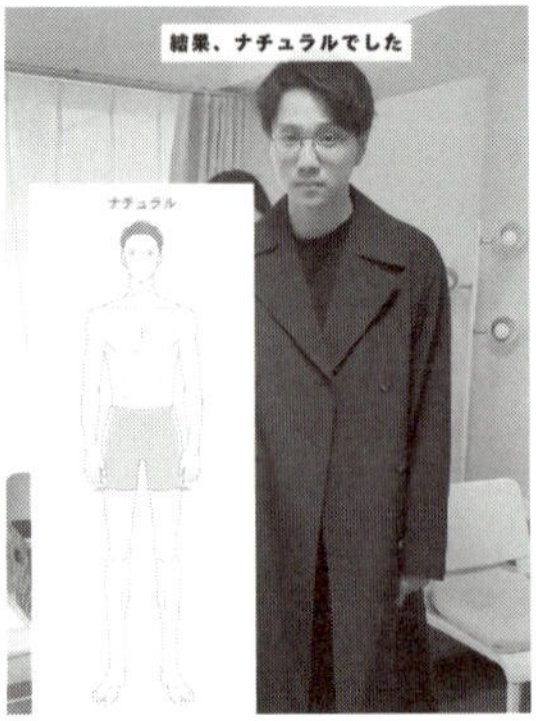

骨格診断では「ナチュラル」と診断されたが、あまりに不自然な表情なので今後は笑顔をナチュラルにしていきたい。

ナチュラルなシワ加工

インスタで動画を投稿したときに、あることについてたくさんのコメントをいただいた。

「服にシワがめっちゃついてるよ！」
「服のシワヤバすぎ（笑）」

姉にも言われたこの服のシワをあなどっていた。というのも、このときの僕は、服にシワがついていることにすら気付いていなかったのだ。コメントを見てから服を再確認しても「シワ……ついてますかねぇ？」と自分の眉間にシワを寄せることになってしまった。そんなに目立つような部分はないと思いながら、次の動画を投稿するとまたもや服のシワに対する指摘がやってくる。

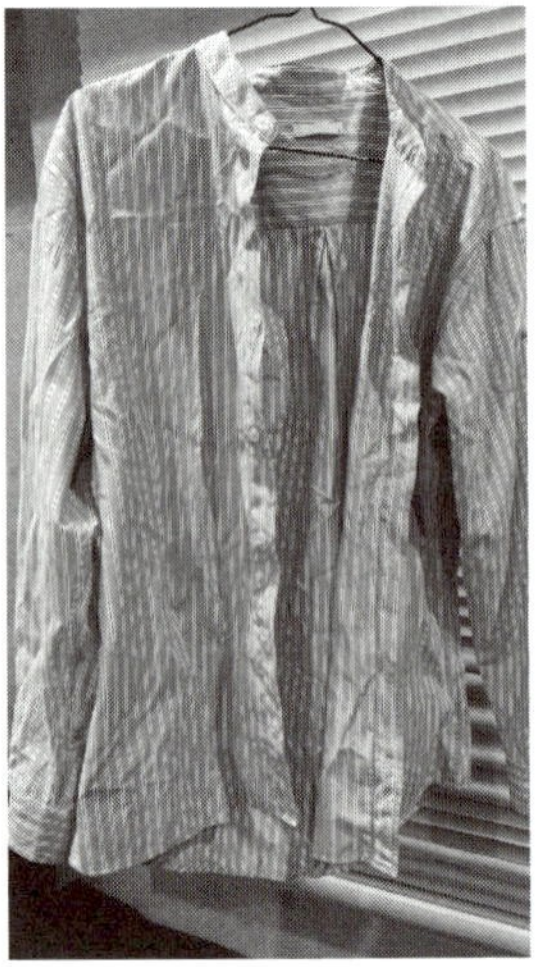

シワだらけの服の一例。こんな服がたくさんある。

みんなは普段どれほどピシッとした服を着ているんだろう。気にしすぎではないだろうか。

……と本気で思っていた。

せっかくのなので、当時の洗濯方法を振り返ってみる。まずは、服を洗濯機にポイッと入れて、洗剤を入れて洗う。ちなみに柔軟剤は入れない。洗いあがったら乾燥機で乾かしてもらうので、ここまでは個人差がほぼ出ない……はず。乾いたシャツをクルクルッとまるめて、タンスにドーン！　そうやってできたのがシワシワのシャツだ。

フォロワーさんからあまりにも服のシワについて言われるので、いっそそういう加工のシャツという目で見てくれたら評価が変わるかもしれないと思ったが、コメントを見るかぎり誰一人として勘違いしてくれる人はいなかった。

シワ加工のシャツとただのシワシワシャツをみんなはどうやって見分けているんだろう。僕には何度見ても違いが分からない。

フォロワーさんからいくつか質問が届き、それを見てみると僕に足りないアイテムが判明。

「服を乾かしたあとにアイロンかけてますか？」

アイロン……？　あ〜家庭科の授業で何回か使ったことのある、あれね。え？　もしかして、みんなシャツを着る前にアイロンかけているの!?　衝撃の事実。

僕は一人暮らしになってから、家でアイロンをかけたこともなければ、アイロンそのものがない。学校で使った記憶しかないので、ミシンや糸のこぎりと同じくらいの感覚でなじみがないものなのだ。

さっそくアイロンを購入したものの、使い方も注意点も分からない。助けて‼ Google先生！ アイロンのことを何も知らない僕にも、懇切ていねいに教えてくれる今の時代に僕は心から感謝した。

どうやらアイロンには温度設定があり、温度を調整して生地が傷まないようにのばすらしい。生地によっては当て布が必要な場合や、そもそもアイロンをかけてはいけない生地というのもある。ここで僕は初めて気が付いた。もしかして、みんな洗濯やアイロンのことを考えて服を買ったりしているの？ いや、そんなバカな（笑）。

……バカなのは、僕でした。

コメントを見返してみるとアイロンのことだけでなく、服を買うときに気をつけたほうがいいポイントなどをまとめてくれている心優しいフォロワーさんもいるではないか。服についているタグについては「かゆいな〜」くらいの感想しか持ったことがなかったが、かゆくなっている場合ではない。

しかし、毎日着るものにアイロンをかけるのは、かなりの手間。かけたほうがいいということは分かったが、今までやってきていないことを習慣にするのは大変だ。アイロンがけ以外にも僕には自分磨きのために習慣化しなければならないことがたくさんある。

しかも、このアイロンがけが意外と難しい。シワになっている部分をのばして、「完璧だな!」とシャツの背中側を見ると新しいシワができているのだ。油断ならない。そしてそのシワをのばそうと後ろからアイロンをかけると今度は表側にシワができている。あぁ……終わらないシワループ。

そんなときに教えてもらったのが、シワのつきにくいシャツの存在。試しに一着買ってみていつものように洗濯してみると……シワがない! さすがにすべてのシャツをこの素材にするのは難しいが、これで格段にアイロンがけが楽になった。

今になって最初のころに投稿した動画を見てみると、服のシワがひどい。ひどすぎる。よくもこんなシワだらけの服で動画を出せたものだ。恥を知れ! しかも、「シワ加工のシャツに見えなくもない」なんて思っていたのだからどうしようもない。

自分の服がシワシワだと認識できるようになるまでは、「こんなに細かいところを見る人なんて少数派だ」と思っていたが、実際に自分の理解が深まるとその見方は一変する。こういう小さな積み重ねが服以外の至るところにあるのかもしれない。

ミタカ年表

生まれてから現在までの、24年間の軌跡を写真付きで紹介！

2000 ―0歳

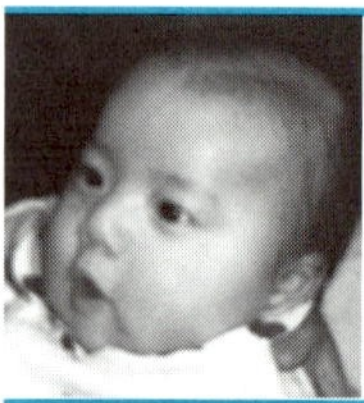

◎東京都江戸川区で出生。生まれたときは、病院で一番デカくて重い子どもだったらしい。

2001 ―1歳

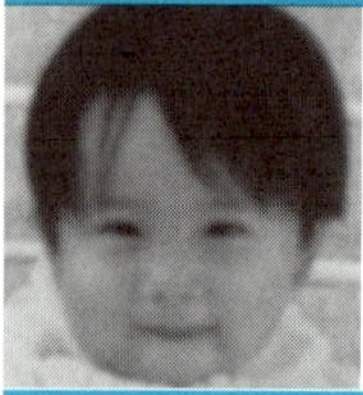

◎よく寝てよく食べ、穏やかで夜泣きもなかったらしい（母親大助かりだったもよう）。

2002 ―2歳

◎保育園入学。先生からの印象は「優しい子」。ほかの子が怒られて泣いていると、シンパシーを感じて一緒に泣いていたらしい（謎）。自分が先生だったら心配になっちゃうと思う。

2003 ―3歳

◎『忍風戦隊ハリケンジャー』に憧れ、戦隊ヒーローになることを志す。

2004 ―4歳

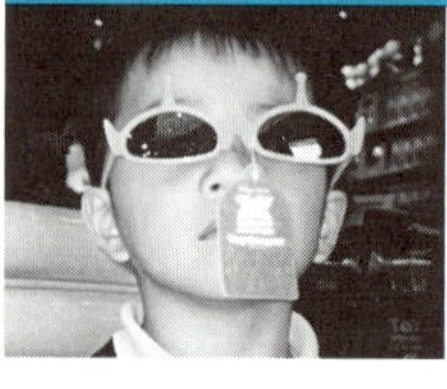

◎『甲虫王者ムシキング』に激ハマり。お年玉などで貯めた有り金をすべてつぎ込む。

2005
5歳

◎保育園のとある先生が大好きになり、結婚を宣言(先生はそんなに長く待ってくれなかったようだ)。

2006
6歳

◎小学校入学。担任の先生にかわいいと言われ調子に乗る。「かわいい」より「かっこいい」と言われたい派もいるらしいが、僕の場合はどっちもうれしい。あと、自分の中でたまごっちブームが到来。ござるっちが好きだった。

2007
7歳

◎カードゲーム『デュエル・マスターズ』に激ハマり。再び有り金をすべてつぎ込む。毎日、近所にある公民館(?)にデュエルするために通っていた。世が世なら戦闘狂と呼ばれていたかもしれない。

2008
8歳

◎ニンテンドーDSソフト『イナズマイレブン』大流行。毎日友達とプレイに興じる。クラスで人気者になれるのは「勉強ができる・運動ができる・イナイレが強い」のいずれかだった。イナイレに勝機を見いだすが、腕前は中の上。人気者になる夢は散った。

2009
9歳

◎少年野球チームに加入。9番セカンドという、なんとも言えないポジションを勝ち取る(?)。ヤクルトの青木宣親選手に憧れていて、あんな外野手になりたいと思っていたが、その片鱗を見せることはなかった。

2010
10歳

◎二分の一成人式。ドラマ『コード・ブルー-ドクターヘリ緊急救命-』を熱心に見ていた影響からか、学年の生徒全員の前で将来の夢は俳優と宣言する(数年後には忘れていたけど)。なぜ医者を目指さなかったのかは、今でも謎。

2011
11歳

◎公園でサッカーをしていたとき、派手に転んで複雑骨折。人生初の入院を体験。

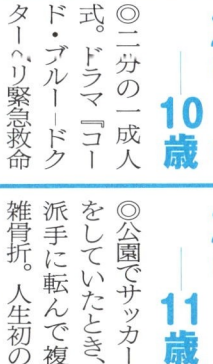

2012 12歳

◎中学校入学。周囲の人に対して、「人を見た目で判断するな、心で判断しろ」と謎の啓蒙活動を行っていた。

2013 13歳

◎同級生に彼女ができはじめる。それに対して「僕たちの年齢で彼女なんてできて何をするん?」と言ってひがむ。内心では、自分の知らない世界に飛び込んでいく友達を見て、羨ましい気持ちがあったのかもしれない。

2014 14歳

◎所属していたソフトテニス部で、「部長と仲が良いから」という理由で副部長に抜擢される。社交辞令でもいいから、「テニスが上手いから副部長に!」と言われたい人生だった。

2015 15歳

◎高校入学。中学校では彼女ができなかったけど、高校では「まぁできるでしょ」と期待。周囲に付き合いだす人たちの割合が増えていって焦るも、結局できることはなかった。

2016 16歳

◎「学校→バイト→家」というルーティンをこなすだけの日々を過ごす。

2017 17歳

◎勉強を習慣化できなかった結果、成績が学年で下から3番目に。自分よりも成績が悪い人が学校をやめると知り、とにかく焦る。そして、なぜか人生初のバンジージャンプを体験。

2018 18歳

◎猛勉強して学年トップ10に入るも、志望校には届かず。失意のなか、母の知り合いに誘われて短期渡米。

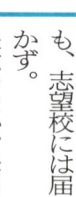

2019 19歳

◎就職。知人が経営する会社で働きはじめる。仕事をするだけでへとへと。それ以外の時間は倒れてた気がするけど、当時のことを思い出すと充実していた感覚もあるので、いい時間を過ごしていたんだと思う。

2020 20歳

◎無事、成人。成人式には出席しなかったので、特に大人になった実感はなかった。ひたすら仕事にのめり込み、女性との出会いもないいま時は過ぎていく。彼女がいなくても日々の生活自体は楽しかったので、焦りはなかった。

2021 21歳

◎初の一人暮らし開始。中学の同級生が結婚し、もうそんな年齢なのか……と焦る。

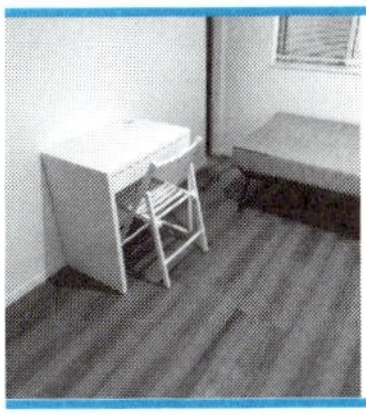

2022 22歳

◎転職など、仕事面でいろいろとチャレンジをしはじめる。陰キャで遊ぶ予定もないので仕事ばかりの毎日。環境や仕事を変えても中身は変わらず。当時、部屋で電気もつけずに仕事をすることも多く、中身も外見も最も暗かった。

2023 23歳

◎自分を変えたいと思ってインスタのアカウントを開設。姉やフォロワーさんのアドバイスを聞きながら、自分磨きを行う。インスタを始めてから、交流の場に参加する機会が増え、自分磨きだけでなくこれからの人生についても考えるように。

2024 24歳

◎行動し続けた結果、仕事や人間関係、環境、すべてが良い方向に向かいはじめた。

→今ココ

こんにちは。姉です。このたびコラムを担当することになりました。大変僭越ながら、私が素敵だと思う男性の話を綴らせていただきます。

姉が考える魅力的な男性像 vol.1

相槌が好き

私には、初めてのデートで「また会いたいかも」と判断する決め手があります（初デートなんてもう昔のことだけど……）。それは、相槌をめちゃくちゃ打ってくれる人です。**女性は基本お話をするのが好きで、自分の話を聞いてほしい生き物。**もれなく私もその一人です。ここで少し昔話をさせてください。

3つ年上の人とデートしたときのことです。その方はとてもシャイで、何よりリアクションがめちゃくちゃ薄かった。私が話しても、「うんうん」などの相槌はなし。声を発さずに、1ミリほど首を縦にふるだけ！　話をちゃんと聞いているのか全然分からない。「相槌下手選手権」という企画があれば、絶対にこの人を推薦したほどです。「あぁ、この人私には興味ないんだ。だからこんな雑な相槌なんだな」と思いました。しかしながら……、なんと驚くことに翌日2回目のデートに誘われたのです。しかもテキストでは結構テンション高め！　なぜ!?　7月だったけど寒気がしました。あの薄いリアクションは、彼の日常だったようです。それ以来「うんうん」「へぇ〜！　そうなんだ！」と、大げさに相槌を打ってくれる人が好きになりました。

相槌の何がいいって、話をちゃんと聞いてもらえている！という実感が持てること。自分の話したいことを気持ちよく話せると、**話を聞いてくれた男性に対して、絶大なる好感を抱きます。**

ちなみに今の彼氏は「ええ、そうなんだ！」「まじ？　すごいね！」などの言葉とともに、ちゃんと相槌を打ってくれます。いつも気持ちよく話をさせてくれてありがとう。

（第2章）

男の顔もケア次第

スキンケアを学ぶ

自分磨きをすると決めて姉に相談したとき、こんなことを言っていた。

姉

「肌が汚い人を男性として見られない。秒で恋愛対象じゃなくなる」

またそんなこと言って。どんなに肌が汚くても、イケメンなら許されるんじゃないんですか？と疑いの目を向けていたのだが、どうやら女性の多くは生まれ持った容姿よりもこれを重要視しているらしい。フォロワーさんからもスキンケアについての指摘や感想をいただき、姉と同様のコメントを送ってくださる方もたくさんいた。ありがたい。

肌が大事だというのは聞いたことがあったし、ケアしたほうがいいんだろうなとは思いつつも、正しい方法を調べたことはまるでない。方法を調べる前に取り組んでいた僕のスキンケアは次のとおり。

①　化粧水を3秒くらい顔にぺたぺたする。
②　その後、乳液を2秒くらいぬりぬりする。

以上。わ〜なんて簡単なツーステップなんでしょう！　まったく何もやっていなければ、もっと危機感が高まったかもしれないけど、僕の場合は中途半端に化粧水や乳液に手を出していたので、「美容に気を遣っている」と勘違いしていた。こんなに適当にやるなら、いっそやらないほうが潔い。

スキンケアを見直すにあたって、まずは自分の肌タイプを知るところからスタート。スキンケアのことを知らなかった僕でも、無印良品などに行くと肌のタイプに合わせたスキンケア用品が並んでいたので、なんとなく「人によって違うのね」くらいの感覚は持ち合わせていた。

チャート診断で簡単な質問に答えていくと、僕の肌は普通肌ということが分かった。

次に取りかかったのは、スキンケアの手順についての調査。その結果、僕が行っていたお手軽なツーステップスキンケアは次のように進化した。

①　洗顔前に手を洗う。

これは盲点だった。手で洗うんだから当然といえば当然なのだけど、自分一人では絶対に思いつかない。美容の先人たちよ、ありがとうございます！

②　ぬるま湯で予洗い。

33℃前後がベストということだったので、給湯器で設定して毎朝洗顔している。文明が発展しているおかげで、今日も適温で顔が洗えます。

③　洗顔は泡で優しく行う。

手でゴシゴシしないと洗った気にならないと思っていたが、全然そんなことはなかった。むしろ時間をかけて洗うようになるので、よりスッキリ感がある。

④　化粧水は浴びるほどかける。

スプレーボトルタイプの化粧水がおすすめ。全体に行き渡る効果以外にも、単純に気持ちがいい。霧状の細かい水分ってなんであんなに癒されるんでしょう。

⑤　乳液は10円玉大を手に取りなじませる。

一度、実際に10円玉を取り出してみてほしい。自分が頭の中で思い描いている10円玉よりも大きいはず。ちなみに僕は今まで5ミリくらいしか使っていませんでした。乳液はベタベタしているから少量でいいだろうと勝手に思い込んでいたが、しっかりめにつけるのが適量らしい。

基本的な流れは以上。手順は増えたが、絶対的に肌質が向上した……と思う。スキンケアに関しては、毎日のことだから簡単でいいだろうではなく、毎日のことだからていねいにしよう。そんなふうに考え方が変化した。

今でも情報収集は続けていて、自分に合ったスキンケアの方法を模索しているところだ。ただ、今まで手を抜いた分の汚れが蓄えられているので、また新たな作戦を考えなければいけないだろう。

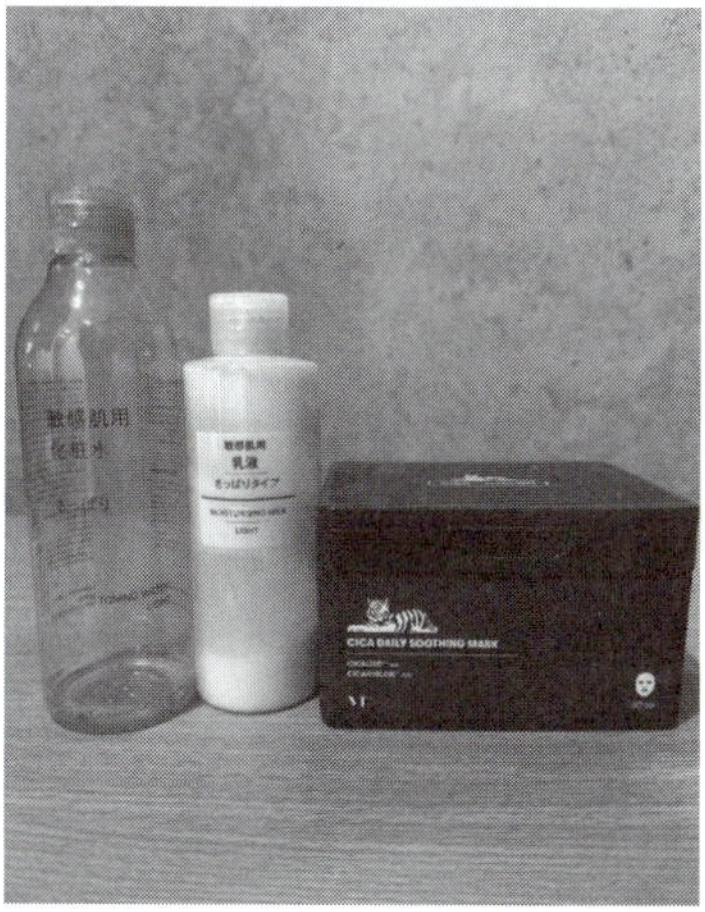

現在僕が使用する化粧水（左）、乳液（中央）、CICA パック（右）。あまり手順を増やしても続けられないので、アイテムは最小限に。

毛穴汚れたちへの宣戦布告

毎日のスキンケアをていねいにやっても、居座り続ける毛穴の汚れたち。化粧水や乳液を塗りながら「キミたち、そろそろいなくなってくれないかな」と何度かお声がけをしたものの、ヤンキー座りしながらこちらをにらみつける汚れの面々。

今まではそんな毛穴の汚れたちと目を合わせないように避けていたけれど、今日という今日は絶対に負けられない。

そっちがその気ならこっちだって出るとこ出ますよ、と強気な態度で向かったのは毛穴洗浄。実はこちらの毛穴洗浄も、肌の手入れに悩んでいたところアドバイスをいただいた。

「日頃のケアに加えて毛穴洗浄も検討してみると肌質が向上しますよ!」

サロンへ向かい、いざ戦場（洗浄）へ！　毛穴専用掃除機のような器具で毛穴の汚れにアプローチ。吸い取られているような感覚が気持ち良く、不快感や痛みはまったくない。だいたい月に1回くらいの頻度で通うと、きれいな状態が維持できてだんだんと毛穴の開きが小さくなるとのこと。

処理が終わったあとの汚れがたまった水を覗いてみると、ぷかぷかと毛穴汚れたちが浮いている。目視で確認できる汚れが顔にこんなに残っているなんて驚いた。そういえば、アドバイスとは別に、毛穴洗浄の感想も次のようにいただいていた。

フォロワーさん

「一度毛穴洗浄をしてみると、その汚さにびっくりすると思う」

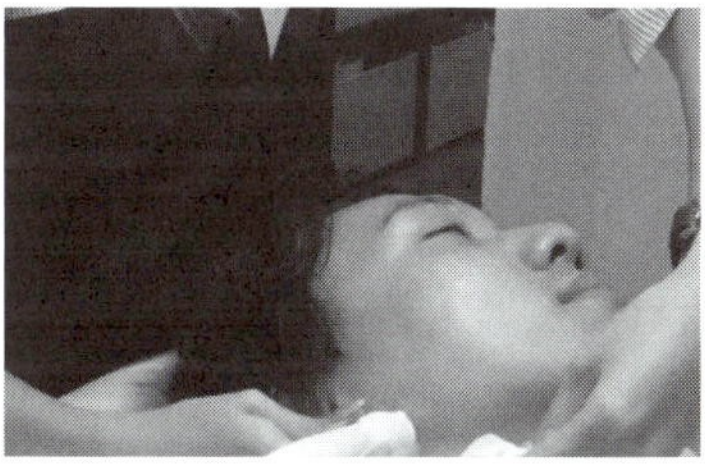

確かに、この汚さは予想外だ。毛穴がスッキリしたあとは、ハイドロジェリーマスクという美容パックを施してもらった。人生初の美容パックはひんやりしていて、鼻に抜ける匂いはスッとさわやか。メンソールに似ているけど、そこまできつくない。夏にやったら絶対気持ちいいやつだ。

終わったあとに鏡で肌を確認してみる。

ぴっかぴかだ。

いや、つるつるか？

これは……すべすべ？

とりあえずそのどれかではある。こうして僕は、ヤンキー座りをしていた毛穴の汚れたちと別れを告げた。こんなにすがすがしい別れがこの世にはあるのか。もうあいつらのたまり場にならないよう、僕は定期的に毛穴を洗浄しに行くことを心に誓った。

その後、動画を見たフォロワーさんから僕の肌について、お褒めの言葉をいただくことが増え、スキンケアの偉大さを知った。

「かなり肌がきれいになっている気がする」
「肌荒れが改善していますけど、どんなケアをしていますか？」

フォロワーさんから教えてもらったことを、僕が誰かに教える日が来るなんて想像もしていなかった。だけど、それがうれしくて「もっといろんなことを発信できるようになろう」というモチベーションに繋がっていった。

寝ぐせとセットの境界線

動画をアップしはじめてから「髪の毛をセットして!!」と多くのフォロワーさんからご指摘をいただいた。姉からも次のようなＬＩＮＥが送られてきた。

姉

「とりあえず髪の毛を伸ばして！　切るな!!」

ん〜……？　僕は姉から清潔感を持て！と言われていたはずなのに、今回は髪を切るなという。髪の毛が短いほうが清潔感って生まれるんじゃないの……？　伸ばしている間、ボサボサになるけどいいの？　そんな問いを姉に投げかけると、こんなふうに返ってきた。

姉

「伸びている過程でヘアセットを勉強したらいいと思う！」

今まで、学校の頭髪検査に一度も引っかからないくらいの長さを維持していたので、伸ばすという概念は新しかった。髪を伸ばしたら、マッシュとかセンターパートとか、街を闊歩しているおしゃれ男子たちと同じような髪形にできるかもしれない。そういえば……と思い出したのは、動画を投稿しはじめたころからフォロワーさんに言われていたこと。

「とりあえず髪のセットを覚えるところから始めようか」

とりあえず、髪が伸びるまでは姉とフォロワーさんの言うとおりヘアセットに挑戦することにした。長いまま何もしないでいると、ボサボサ具合に磨きがかかって外に出るのもはばかられる。こうなってしまってはセットを身につけるしかないのだ。

YouTubeの動画を参考にしてみるが、全然上手くいかない。ナチュラル感を演出しようした結果、寝ぐせ感になり参考にした動画のようにかっこよくならない。本当に同じワックス使っていますか!?　何度もパッケージを確認する。……同じだ。

さらに、ワックスをつける量を間違えていたらしく、テカテカのツヤツヤになってしまった。イキリ中学生爆誕。鏡に映った自分がやたらと恥ずかしい。こっち見んな。

初めての髪型セットを動画におさめようと、いつものようにカメラをセット。昨日YouTubeを見て情報をアップデートしたんだから、絶対に上手くいく。撮影開始！

——数分後。

ちょっとカメラ止めてください！　もう無理です！　ワックスが固まったら全然修正できないし、こんな髪型では外に出られません。僕は、外に出るためにセットを身につけようと思ってるのに、こんなのってひどいじゃないですか。いや、ミタカ。これは動画だぞ。セットし直せばなんの問題もないじゃないか。

僕のなかで現実逃避のツッコミが入ったところで、シャワーへ直行。ワックスを洗い流して、髪を乾かし、「初めてワックスに挑戦するぞ」というテンションで2度目の撮影を行った。

しかし、これは地獄の始まりにすぎなかった。なんと、どうにもヘアセットが決まらず、同じ工程を5回ほど繰り返した。つまり、ヘアセット1回につき5回も洗髪したのである。こんなにシャンプーするのって美容師さんくらいじゃないですか？

なので、動画になっているのは6回目のヘアセット。それを踏まえて、もう一度動画を見てください。「もういい加減にしてほしい」と僕の髪の毛たちが言っています。いや、僕自身も心の中で叫んでいます。

ヘアセットをしている間は、筋肉量が少ないからなのか、腕がぷるぷると震えてしまうのもつらかった。ヘアセットって筋トレなのかな？　みんな、ヘアセットしてるふりして筋トレしてるのかな？　固まる前に整えたいのに、僕の二の腕が耐えられない。悔しい。

ヘアセット初心者の苦難はこんなものではない。段階を経て知ったことなのだが、どうやらワックスには時間をかけて固まるタイプと、すぐに固まるタイプがあるらしい。ちなみに僕が購入したのは前者のタイプだった。

家を出る直前に髪をセットして、最寄りの駅へとダッシュ。完璧な一日をスタートさせたと思ったが、現実はそう甘くない。ひと息ついて電車の窓に映る自分を見て驚愕。

な……なんだこの髪型は。

家を出る前に鏡の前で会ったはずの自分とはまるで別人。風に煽られた状態で固まった僕の髪型は、見るも無残な姿に変わっていた。あんなにがんばったのに……悔しすぎる。

そのまま仕事の人と会ったのだが、心なしかいつもよりも相手の目線が7センチくらい高かった気がする。「この人ヤバい髪型で来たな」と思われていたに違いない。

ヘアセットに関して、ここまで否定的なことばかり書いてしまった。しかし、人間の慣れとはおそろしいもので、今では簡単に髪型を整えられるようになった。やっぱり、何ごとも積み重ねが大事なんですね。

売れないセールスマンのような印象の髪型（上）が、現在ではさわやか青年（下）へと変化（なお、髪型のみ）。

育毛からの美容院

2か月間、髪の毛を伸ばしまくった僕は、ついに美容院に行くことを決めた。休みの日に、電車に揺られて美容院に向かうなんて、生まれて初めてだ。いつもは徒歩圏内で行けるところに行っていたので、わざわざ電車を乗り継ぐ必要なんてない。みんなは行きつけの美容院に行くときに、きっとこんなふうに電車に揺られて向かうんだろうなと考えていたら、少しワクワクした。

今回は、インスタでビフォーアフター動画をアップしているカリスマ美容師さんにお願いすることに。清潔感のある髪型にしたいと思っていたので、僕の希望は「前髪を上げたい」ということだけを伝えて、あとはカリスマにおまかせ。

切りに行きたいと思いはじめてから2か月間も伸ばしたにもかかわらず、いまだセンターパートには長さが足りないらしい。これから、センターパートにしている人を見かけたら、「がんばって伸ばしたんだな〜……」と違う印象を抱いてしまいそうだ。

かなり久しぶりの美容院に行った感想は……もう最高でした。これ、本当に僕の髪ですか？ってくらいに変化した。毎日のセットはまだまだ練習が必要だけど、一度完成した姿を見せてもらえたので、かなりテンションが上がった。僕の髪の毛に隠されていたポテンシャルって、こんなに高かったのかと思わずにはいられない。

かつて、僕は髪の毛を一度だけ染めたことがある。「おしゃれになりたい」という気持ちが高まった結果だったのだが、これが大失敗。ブリーチをして髪をブルーに染めてもらったが、頭皮がありえないくらいに荒れまくるし、やたらとブルーの髪色だけ浮いてしまって、どんな服を着ても似合わない。

元々、洋服には柄物を求めてしまう癖があったので、色が渋滞。ゴールデンウィークの帰省ラッシュくらいには混み合っていた。鏡を見たとき、僕が抱いたのは「どこを見たらいいのか分からない」というどうしようもない感想だった。

本人ですら分からないんだから、まわりにいる人もどこに注目すればいいのか分からなかっただろう。「僕にはおしゃれなんて向いていないんだ」と思うには十分すぎる体験だった。この迷走した時期のことを、今になって姉に「あのときどう思った？」と率直に聞いてみた。

姉

「なんか悩みごとがあるのかと思って、見ていられなかったよ」

自分磨きの方向を間違えた結果、姉に心配されていたとは……。

しかし、今回の僕は違う。髪色は変えていないけど、ちゃんとおしゃれに見える。ファッションを変えたときにも感じたことだが、色じゃないのよ、おしゃれっていうのは。

たぶん、以前ブルーに染めてくれた美容師さんも、心の中では「絶対に似合わないからやめといたほうがいいよ」と思いつつ、僕の要望を最大限取り入れてくれたんだろうな。

そう思うと、本当に申し訳ない気持ちに包まれる。

憧れのセンターパート

前回、美容院に行ってから2か月半が経過し、ようやくセンターパートに足りるくらいに髪の毛が育った。担当の美容師さんからは、僕の輪郭や雰囲気だとマッシュかセンターパートが似合うだろうと言われていたので、前々からどちらかには挑戦しようと思っていたのだ。

そして、いざ美容院を訪れて髪型の相談をしてみると、「センターパートのほうがより似合うと思います」とアドバイスをいただいた。美容師さんのお墨付きはかなりありがたい。これで似合わなかったとしても「美容師さんが似合うって言ったので……」と言い訳することができる（人のせいにするな）。

伸びきった髪の毛をカットしてもらっている最中に、自分の髪質についていろいろと聞いてみることにした。どうやら、僕の髪の毛は上に向きやすく、外に跳ねる癖があるらしい。僕と違って、僕の髪の毛はものすごく上昇志向。僕の髪の毛よ、僕と入れ替わってくれ。そうしたら、きっとキミもいい感じに落ち着くと思うからさ。

最初はボサボサだった僕の髪の毛が、話をしている間にどんどんときれいにまとまっていく。ちょっと……いや、だいぶ感動する。2か月半かけてようやく完成した髪型ということもあり、喜びも大きい。

憧れの髪型になれたことで、僕には新しい目標ができた。以前は全然いい感じにならなかった〝クロップ〟と呼ばれる髪型。短髪でちょっとハードめな印象になるのだが、これをいつか似合う形で取り入れてみたいと思っている。

欲望がかなうと、次の欲望がやってくる。だけど、今の僕は欲望が生まれることすらうれしい。

人生でこんなに髪の毛を伸ばしたのは初めての経験だったが、憧れのセンターパートにご満悦。

絶望のファーストコンタクト

YouTubeで〝メンズ向け自分磨き動画〟を発信しているチャンネルは結構あるので、僕自身参考にさせていただく部分もある。いくつかの動画を見て感じたのは、メガネからコンタクトにするだけで、かなり垢抜けるということ。

僕もいずれはコンタクトにしたいと思っていたし、姉からもすすめられていたのでついに眼科へと足を運ぶことにした。

受付を済ませて、「こちらを読んでくださいね」と言われたパンフレットを眺める。するとそこには、コンタクトを装着するための簡単な手順や注意点が書かれていた。

名前を呼ばれて検査が終わると、コンタクトとの初対面だ。指の腹に優しくのせて自分の眼球へとそっとかぶせる。しかし、初めてということもあり、なかなか上手く着けられない。

目に異物（コンタクト）が近づいてくると、（自分で近づけているんだけど）反射的に目を閉じてしまう。強制的に指でガッと開いてグッと突っ込む。しかし、その瞬間シャッターのように落ちてくる僕のまぶた。焦るな、まだ焦る時間じゃないぞ、ミタカ。

――20分後。ようやく両目にコンタクトを着けられた。時間はかかったが、順調といっても差し支えないだろう。しかし、ここでアクシデントが発生。コンタクトが……外せない！　先生から言われたとおりにやっても、全然上手くいかない。気付いたときには、片方も外せないまま40分が経過しようとしていた。

あぁ、このまま一生コンタクトが取れなかったらどうしよう。

僕はメガネを外すことができずに、イメチェンできない人生を過ごすのだろうか。

僕の心には絶望が広がった。さらに、追い打ちをかけたのは、最初に見せられたパンフレット。実はこのパンフレットには手順以外にも、不潔な状態のコンタクトを着けたままにすると起きるトラブルが写真付きで紹介されていたのだ。

頭の中で、さきほど見たグロテスクな写真がぐるぐると回りはじめる。あれは、僕の末路だったのかもしれない。コンタクトにしようなんて生意気なことを考えてすみません。

……神様、許して！


この日、目の充血が限界を迎え、強制的にコンタクトの着脱を打ち切られるという残念な結果に終わってしまった。僕が40分対戦し続けたコンタクトはというと、無事に看護師さんの手によって外された。その間、約2秒。早業すぎる。

コンタクトにできないかもしれないという絶望の涙なのか、単に目を刺激しすぎた痛みからなのかは分からないが、僕の目には涙が浮かぶ。


先生によると、一般的に眼球はその名のとおり球体をしているのだが、僕の目は少し変わっていて、アーモンドのようにつぶれた形をしているとのことだった。

着脱ができなければ、当然処方箋はもらえないし、コンタクトも作れない。このままコンタクトは手に入らないかと思いきや、先生からは「練習すればできるようになるから、何回か通ってくださいね」と言ってもらえた。

良かった!! 僕はコンタクトを諦めなくていいんだ。その後、5度にわたって着脱訓練に通い、ようやくコンタクトを手に入れられたのは、初めて訪れてから5か月後のことだった。

コンタクトを装着して動画を投稿したところ、今までに僕が言われたことのないうれしいコメントが山のように届いた。

フォロワーさん

「すぐにでも彼女ができそう！」
「メガネからコンタクトになっただけなのに別人みたい」

5か月間、着脱訓練をしたかいがあった！　今ではあのときの看護師さんのように、秒で外せるまでに進歩した。

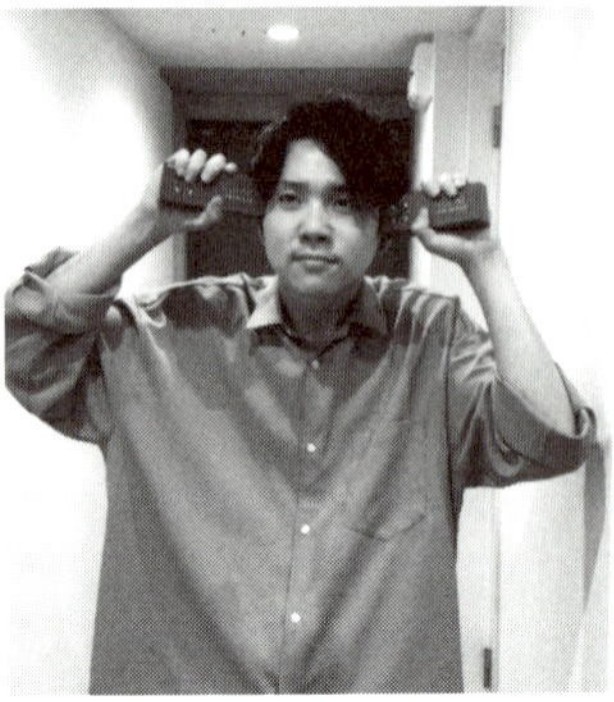

念願のコンタクトをゲットした日。姉からも「めちゃくちゃ印象が変わるね！」と言われ、ついついうれしくなってしまった。

手探りのメガネ探し

コンタクトの着脱訓練には時間がかかるとのことだったので、その間にメガネも物色しようと動いていた。今回も、僕に似合いそうなメガネをフォロワーさんに提案してもらうことに。

フォロワーさん「かっちりしているメガネより、丸メガネのほうが似合いそう」

実は、丸メガネは僕自身も気に入っていて、昔は丸メガネを愛用していたくらい。タイへ出張したときになくしてしまったので、今回は新たな丸メガネとの出会いを求めてメガネショップへGO！

店員さんには「丸メガネのなかから選びたいです」と伝えて、いくつか見繕ってもらうことにした。しかし、鏡の前へと案内され実際にかけてみると、当然店頭にあるメガネには度が入っていないので……まるで見えない。似合っているのか全然分からない！

自分の目で確認してからじゃないと若干心配ではある。しかし、フォロワーさんがおすすめしてくれた形だし、昔は愛用していたのでなんとなくの印象も分かっている。いろいろと悩んだ結果、丸メガネを購入！

以前のメガネは姉からのウケも悪く、「インテリヤクザみたいなメガネ」と揶揄されていたので、ちょうどいい機会だったと思う。コンタクトが着脱できるようになったら、コンタクトとメガネの二刀流生活を楽しめる。僕はこの日、ウキウキした気分で帰路についた。

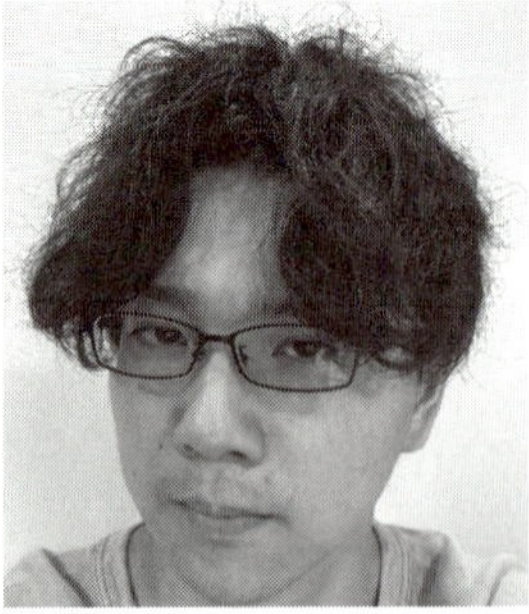

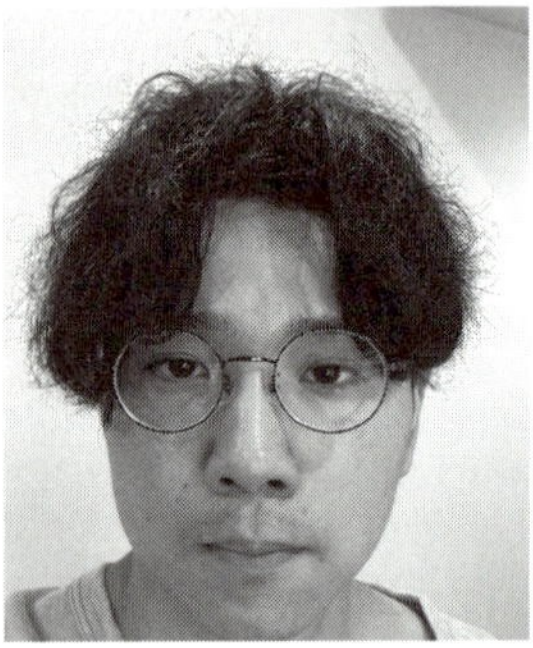

姉から「インテリヤクザみたいだ」と言われたメガネ（上）と、フォロワーさんからおすすめされた丸メガネ（下）。

印象を覆す眉毛

眉毛。それは毛の集合体。たかが眉毛だとあなどっていたが、大きな間違いだった。姉からも、眉毛を整えろというミッションをもらっていたので、初めて眉毛サロンを訪れることにした。

美容系サロン……めっちゃ緊張する。意識高い系ならぬ、美意識が高い男子たちがいるのだろうか。サロンに到着してからもインターフォンの前で呼吸を整える怪しい男。それが僕!! まるで、初めて彼女の両親にあいさつに行く男性のようだ（彼女がいたことはありません）。

眉毛の手入れの右も左も分からない僕に、店員さんが「どんな印象にしたいですか?」と優しく声をかけてくれた。

「あ……清潔感があるように見えたらいいなって。あとは……おまかせでお願いします」

秒で分かる、慣れてないやつ。それが僕!! 店員さんはニッコリとほほえみながら僕の眉毛に向かい合う。触られることに慣れていないからか、少しくすぐったい。

完成した様子を鏡で見ると、そこにあったのはキリリとした眉毛。あとで知ったことなのだが、髪の次に印象の変化度合いが大きいのが眉毛らしい。ほう……これは確かに印象が全然違う。

初めて眉毛サロンを訪れてから、僕は今でも月に1回のペースで通っている。けっこう気に入っているので、印象を変えたいという人はぜひ足を運んでみてほしい。

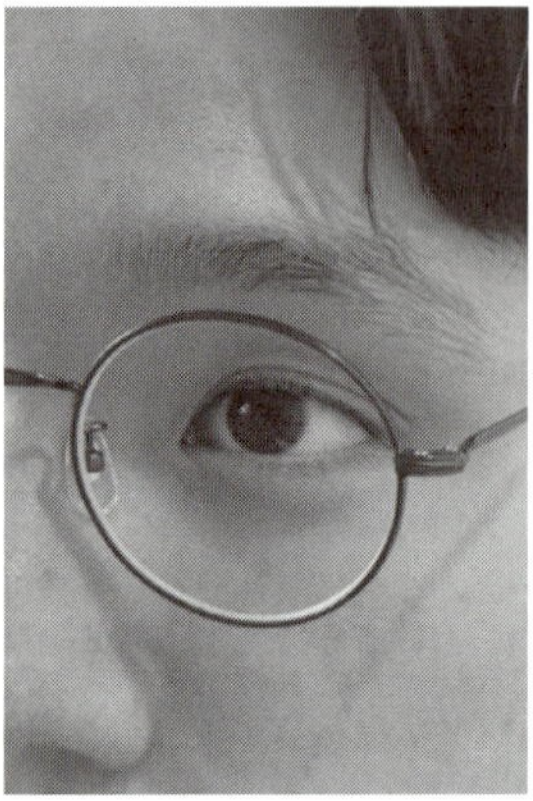

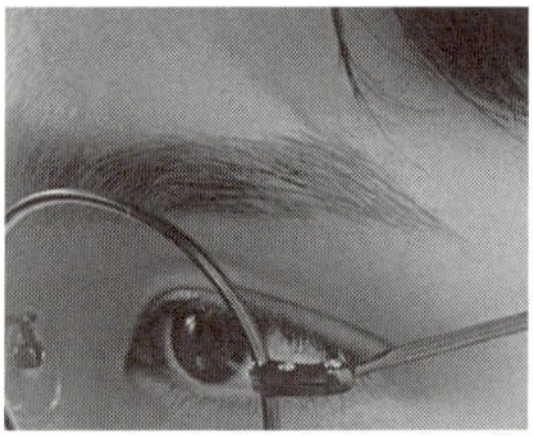

整える前の無造作な眉毛（上）と、整えたあとのキリッとした眉毛（下）。

ダンディズムを失う覚悟

インスタへの投稿を始めてから、フォロワーさんに言われていたことがある。

「ヒゲが濃いから脱毛も考えてみて」

そう、僕のヒゲは濃いのだ。パーソナルカラー診断に行ったときにも担当してくれた人にさらりとご指摘されたので、もうこれは自他ともに認めるヒゲの濃さなんだなと確信した。

自分でもヒゲが濃いのは気になっていたので、脱毛について考えたことがなかったわけではない。若いうちはヒゲが濃いとマイナスな印象を与えてしまうかもしれない、というのは分かっている。

しかし、ヒゲには男のロマン的な要素もある。ヒゲを脱毛するということはすなわち、竹野内豊さんになれる可能性をゼロにするということなのだ（なれないから安心して脱毛に行け）！　いや、それだけではない。綾野剛さんやオダギリジョーさん、山田孝之さん、リリー・フランキーさんにもなれない。

ヒゲがないさわやか路線も捨てがたいが、ヒゲのあるダンディズム路線も魅力的。僕はこのヒゲ問題でわりと真剣に悩んでいた。しかし、自分磨きをするなかで美容関係の話を聞くことも増え、眉毛サロンでも「私は絶対にヒゲがないほうがいいと思う。世の中の女性もそう思う人のほうが多いんじゃないかな」と女性目線のアドバイスをもらうことも。

僕は、自分の心に問いかけた。

本当に脱毛していいのか。
ヒゲのある人生に未練はないか。
渋い男になりたくないのか。

そして、ついに僕は一つの答えを導き出した。現世は潔くさわやか路線を目指すことにしよう！　パーソナルカラー診断でも「ヒゲが目立つからあまりおすすめできない」という色があったのだ。ヒゲを失っても、その代わりに僕は新しい色を手に入れられるかもしれない。さらに、顔・骨格診断の結果が「ナチュラル」だったのも理由の一つ。ナチュラル系の顔は童顔に見えるのでそもそもヒゲが似合わないらしい。

なんだ、大人になってもダンディにはなれないんじゃないか。それならいっそさわやか路線をひた走ろう。


決意を新たに脱毛についていろいろとリサーチすることにした。さきほど紹介した眉毛サロンの担当者から「ヒゲ脱毛はブラジリアンワックスの100倍痛いらしいよ」と言われたこともあり、僕は〝痛くないヒゲ脱毛〟について鬼検索。医療と美容の違いや、照射されるレーザーの種類、それによってどのような変化が出るのか、期間はどのくらいかかるか、どの方法が一番痛くないのかなど念入りに調査する。

そして、僕はようやく自分が納得できるところを見つけたのだ。

ビビり散らかす初体験

脱毛を受けるべく、さっそくカウンセリングを予約。プロの目から見ても、やっぱり僕のヒゲは濃いそうだ。施術の手順や、期間などについても説明を受ける。1回の施術で5%の毛が目立たなくなるらしい。

なので、つるっつるにしたい場合は20回くらい通うのが普通みたいだ（使用する機械による）。ただ、8回を過ぎたあたりでだいぶヒゲの処理がラクになるので、効果は20回を待たなくても実感できるとのこと。

僕が一番気にしていた痛みについても、予約時に伝えておけば麻酔クリームや吸引するタイプの麻酔を使うこともできる。それでも痛みが心配な人は併用もできるらしく、痛みに対するケアも十分理解できた。そもそも、僕が受けるのは脱毛施術のなかでも痛くない部類なので、これで備えは万全だろう。

――そして、脱毛当日。

僕はある失敗を犯していた。どうやら、僕が予約の取り方を間違えたようで麻酔ナシで初回の施術をすることになったのだ。

一気に心拍数が跳ね上がる。こんなにていねいに調べてきたのに、予約でしくじるなんて!!　そして、渡される施術同意書。カウンセリングでふんわりと聞いた内容が、仰々しい言葉で説明されている。……怖い!!

ヒゲ脱毛をした知り合いの話によれば、ヒゲが濃い人ほど痛みが強いらしい。そんな記憶がよみがえる。

しかし、ここまできたのだ。もうあと戻りはできない。

僕は、このときある日の出来事を思い出していた。それは、バンジージャンプの記憶。あのときも、こうやって同意書に名前を書いた。見事に飛んで、今僕はこうして生きているではないか。

同意書にサインをすると、さっそく施術室へと移動。レーザーから目を守る鉄製のゴーグルを着けて、いざ脱毛！

ピッ！

バチッ！

ヒッ！　どこかで聞いたことのある音……そうだ、夏になるとコンビニなどに設置される電撃殺虫器だ。ちょっと待て、今僕のヒゲのあたりからその音がしてるんですけど⁉

僕のあご、大丈夫ですよね⁉　残ってますよね⁉

そんなことを確認したくなるくらいの凶暴な音と、鉄製のゴーグルを着けていても分かる強い光のせいで、僕は一瞬〝痛い〟と勘違いした。

しかし、何度か照射をしてもらううちに、意外にも痛くないことに気が付いた。輪ゴムでパチンと軽くはじかれているような感覚しかない。スムーズに施術が進んでいき、何のトラブルもないまま時間が過ぎていった。

えっ……みんなが言うほど痛くないじゃん。

なんだぁ……脅かさないでよ～。

あっという間に初めての脱毛が終わり、緊張から解き放たれた僕は、ふわふわとした足取りで家へと帰った。

これなら問題なく通えそう！　もう僕の中にダンディズムへの未練はない。

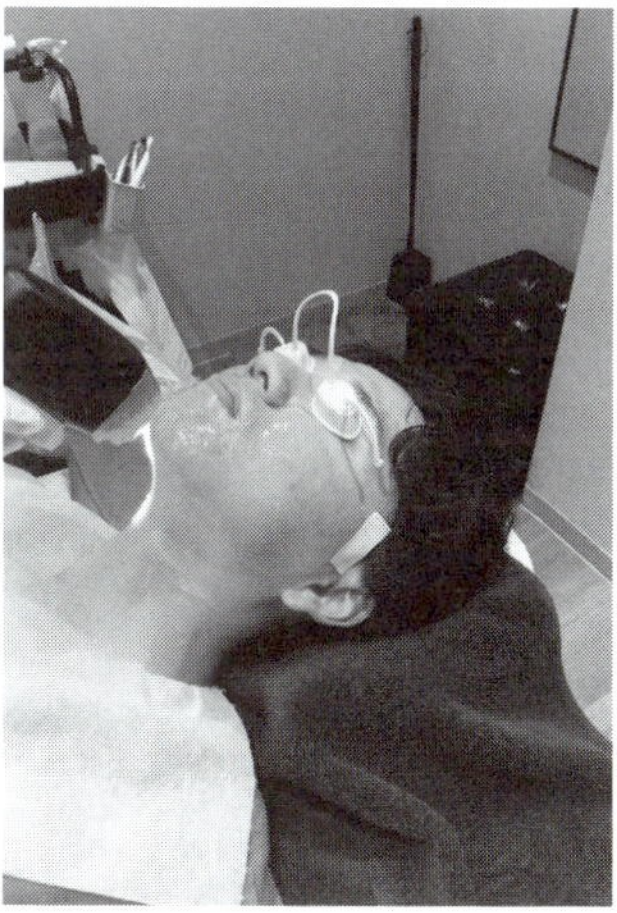

初めてのヒゲ脱毛はド緊張。しかし、写真を見返してみると、意外にもシュールな状態で施術を受けていたことが判明。

ミタカ一問一答50

ミタカの知られざる基本情報と、フォロワーさんから事前に募集した質問への回答を紹介！

基本情報編

1 出身地
東京都江戸川区。

2 家族構成
母、姉、弟(僕)。

3 血液型
A型。

4 誕生日
2000年1月17日。

5 趣味
F1、野球、サウナ。

6 特技
情報加工、データ分析。

7 今行きたい場所
アイスランド！　中2からずっと憧れてる。

8 好きな動物
猫。

9 子どものころの夢
パッと思いつかなかったけど、過去の書類見たら「俳優」って書いてありました(苦笑)。

10 長所
まわりからはよく「穏やかで優しい」と言われます。

11
短所
やりたいことがたくさんんで、たまに中途半端になること。

12
好きな音楽
HIPHOPとロック。

13
好きな色
青!!

14
好きな季節
秋!!

15
好きなキャラクター
『進撃の巨人』のエルヴィン団長。

16
好きなゲーム
『バトルフィールド1』というゲームに高校時代熱中していた!

17
休日の過ごし方
サウナに行ったあと、F1の番組見たり、本読んだり。

18
1億円あったら何をする?
9500万円を投資に回して、500万でアイスランドなどたくさん旅行。

19
将来子どもは欲しい?
考えたことないけど、いたらうれしいかも。

20
犬派か猫派か
猫派!

21
子どものころ、得意だった教科
英語!

22
子どものころ、苦手だった教科
古典!

23
今までにしたアルバイト
飲食、運送会社の倉庫、コールセンター。

24
インドアかアウトドアか
インドアだったけど、最近アウトドアの比率が増えてきた。

25
これまでで一番高い買い物
洗濯機（14万円）。

26
初恋はいつ？
保育園（だったみたい）。

27
異性のドキッとする瞬間
爆笑してる姿……（笑）。

28
結婚願望
考えたことないけど、いつかはしたいかも。

フォロワーさんの質問編

29
学生時代にハマってたこと
一時期FPSゲーム中毒でした。

30
使ってるスキンケア用品
無印の化粧水、乳液。あとはCICAパック！

31
一日のルーティン
起床→仕事か勉強→食事→自分磨き→寝る！

32
彼女と行きたいところ
ベタだけどドライブとか……。

33
過去で一番つらかったこと
初めて本気で取り組んだ大学受験が失敗に終わったこと。

34
過去の黒歴史
モテないのに「俺はモテる」とでかい声で言い張っていた中学時代。

35
大学で勉強したかったこと
心理学！　特に臨床心理。

36
影響を受けた名言
福本伸行さんの「20代でやるべきことは勝つなり負けるなりすること。一番まずいのは勝ちも負けもしないこと」という言葉。

37
PCまわりのおすすめグッズ
PCスタンド。目線を上に上げられる！

38
好みの女性のタイプ
ポジティブでがんばっている人。

39
今している仕事
インターネット関連の仕事とコーチング。

40
筋トレのメニュー
肩、胸、腕を中心に、全身の大きい筋肉。

41
冷蔵庫に常備しているもの
卵とキムチ！

42
好きな本
池澤夏樹さんの『スティル・ライフ』。

43
女性と会ってやらかしたこと
緊張してドリンクを相手の新品白パンツにこぼしてしまったこと……。

44
好きな食べ物
パスタ、ピザ。

45
好きな映画
『ファイト・クラブ』。破壊的な雰囲気とブラッド・ピットがかっこよくて何回も観ています！

46
カバンの中身
パソコン、メガネはずっと常備！　ないと落ち着かない（笑）。

47
好きなビールの銘柄
バドワイザー。

48
学生時代の部活
ソフトテニス部（中学）→テニス部（高校）。テニス部は1年でやめてバイト三昧でした。

49
感銘を受けた人
7歳のときに母の紹介で出会った経営者。余裕ある男への憧れが強くなった瞬間。

50
MBTI診断の分析結果
ISFP-T芸術家！　過去に診断したときは巨匠だったけど最近変わったみたい。

熱中している男性が好き

私は何かに熱中している男性が好きです。相手に合わせるわけではなく、**自分の「好き」をちゃんと声に出して言える人が好き。**

「休みの日は何しているの?」という質問をしてみます。「Netflix見たり、飲みに行ったりすることかなあ?」というハテナマークとともにありきたりな答えが返ってくる人より(本当に好きならもちろん別です)、〇〇が好きなんだ!と言い切れる人には、熱中している人特有のエネルギーを感じます。

昔、サウナ好きの人とデートしたときのこと。当時の私は、サウナの魅力を知らず、体を熱くしたり冷やしたりして何が楽しいんだろう?と本気で思っていました。でもその人は、サウナが大好きなことを、とても楽しそうに話してくれた。正直そのときは、サウナの魅力がまだよく分からなかったけど、**好きなことを話しているその〝空間〟がとても楽しくて心地よかった。**念のため補足しておきますが、延々と語られたわけじゃありません。知らないことを長時間聞くのは苦痛です(笑)。

熱中していることについて話しているときって、悪口やネガティブな発言はまったくないし、肯定であふれていると思います。その雰囲気がとても好きです。そして熱中している対象は、もちろん趣味じゃなくて、仕事でもいいと思います。正直、人がどんな仕事をしているかについて、私はそこまで興味がないけれど……(笑)。**仕事に熱中している人や、目標に向かって取り組んでいる人は、素敵オーラを放ちまくっています。**

（第3章）

ゼロから体を整える

ナルシシズムの向こう側

インスタで動画をアップするようになってから、体にまつわる自分磨きについてこんな声が届いていた。

フォロワーさん

「筋トレしたほうがいいと思う！」

思い立ったらすぐにリサーチ！　運動をするとテストステロンと呼ばれる男性ホルモンが分泌されることで、より男性らしい雰囲気になれるという。思春期にグッと体が発達するのは、このテストステロンのおかげらしい（男のみ）。

さらに、実際に筋トレをしている男性フォロワーさんからは、精神的にも良い効果があると力説されたのだ。

フォロワーさん

「筋トレをすると、活動的になるし自分の自信にもなると思う」

自分でも詳しく調べてみると、確かに筋トレには身体的な発達だけでなく、集中力が上がったり、気持ちが前向きになったりする効果もあるそうだ。たった一つのホルモンで何度おいしい思いができるんですか！ ご飯3杯くらいは食べられそう。

以前から、筋トレにハマる人がいるのは知っていた。しかし、なぜ筋トレをしているのかという理由はあまり考えたことがなく、「みんな健康について真面目に考えているんだなぁ」「ムキムキのボディに憧れるんだな」くらいにしか思っていなかった。

インスタで筋トレ後の様子をアップしているアカウントをいくつか見かけたが、正直なところナルシシズムの象徴のように感じてしまって、なかなか積極的になれない。筋トレをがんばっている自分は気恥ずかしい、という気持ちがあったのだ。

自分の体には興味がなかったし、筋トレをしても他人の目に分かりづらいのであれば、効果も実感しにくい。それなら、もっと表面的で分かりやすいことに着手したほうがいいと思っていた。

しかし、自分の目指す理想の男性像を想像してみると、思い浮かぶのはほどよく筋肉のついた胸板や、男らしい二の腕。そして、自分に自信を持っていてポジティブな思考で生きている人だった。
こんなことを考えていると、一つの可能性が僕の頭をよぎる。僕は今まで、陰キャな自分の内面を変えようとしてきたけれど、見た目を変えることで精神的な強さを手に入れられるのではないだろうか。
運動をして、男性ホルモンを増やし、ポジティブな気持ちになる。これこそ、僕の求めていた理想の男性像のはず。

それならば、やるしかない！

だけど、僕の体はガリガリだし、中学生のとき以来まともに運動していない。筋トレや運動の仕方なんてとうの昔に忘れてしまった。筋トレするなら何から始めればいいんだ。いろいろと悩んだ結果、最後の決め手になったのはフォロワーさんからのコメントだった。

「初心者が一人で筋トレやると怪我するよ」

思い当たる節しかない。僕はガリガリで何も分からないくせにどうして闇雲に一人で進めようとしているんだ。ミタカ、調子に乗るんじゃない！

慣れていないまま無理に負荷をかければ、当然怪我にも繋がる。その後の僕がどうなるか。それは僕自身が一番よく分かっている。怪我をしたという大義名分を得たら運動をしなくなり、今まで取り組んできた自分磨きも億劫になってしまうだろう。

前になんとなくジムに通ったときも痛みが出てすぐにやめてしまった。

そんな人間が選んだ、自分を鍛える手段。

それはパーソナルトレーニングだった。やり方がはっきりと分からないなら、プロに直接教えてもらえばいいじゃない。ある程度の基礎的な知識を手に入れたあとで、足りないところは自分でトレーニングを重ねればいい。

何も分からない今の状態でジムに行っても、きっと効率のいいトレーニングなんてできるはずがないのだから。

貧弱体型の王者

パーソナルトレーニングに向かうと、ムキッとした筋肉が魅力的なトレーナーさんが迎えてくれた。しかもめちゃくちゃさわやか。やっぱり、体を鍛えている人は表情も明るくて、自信に満ちあふれているように見える。

まずは身体測定からスタート。僕は180センチ／59キロという貧弱すぎる数字を叩き出すと、トレーナーさんも思わず苦笑い。ちなみに、僕の身長だと標準の体重が70キロ前後なので、この時点ではぺらっぺら。

筋トレを始める前、体になんの凹凸もないぺらっぺらの僕。

どれだけ鍛えても、筋肉に変わる脂肪がないと話にならないということだったので、食生活についても指導してもらった。このころの食事は1日2食がデフォルトで、朝はほぼ食べない生活を送っていたのだが、トレーナーさんからは次のようなことをアドバイスされた。

・1日2食は厳守
・食事の回数が増えるのはＯＫ
・空腹の時間を作らない
・カロリーを摂取するためなら多少ジャンキーなものでもいい
・食事にオリーブオイルをかけて効率的にエネルギーを蓄える
※これは僕に提案された食事方法であり、どなたにでも当てはまるものではありません。

食事制限については、「あれは食べちゃダメ」と細かく指導されると思っていたので、正直ホッとした。体重は長い時間をかけて増やしながら、基礎的なトレーニングで体の大きな筋肉をメインで鍛えていくという方針が決まり、いよいよ筋トレ開始！

トレーナーさんに最初に案内されたのはベンチプレス。これで胸、肩、腕の筋肉を鍛えるらしい。「あっ、最初からこんなにガチガチの筋トレ用具を使うんだ……」としり込みするミタカ。そんな僕を笑顔でエスコートするトレーナーさん。ちょっと怖い。

「大丈夫、最初は軽いところから始めますから」

それ、本当？　信じるよ？　信じるからね？　最初は重りを付けず、バーのみの20キロに挑戦。最終的には、自分の体重と同じくらいの重さでトレーニングできるようになるのが、ベンチプレスでは一つの基準となっているらしい。

ということは、今の体重から考えれば、20キロはかなり優しめな設定のはずだ。しかし、終わってみれば二の腕はぷるぷると震え、額には大汗。鏡を見ると死んだ魚のような目をしている。

なんとか初日のメニューをこなしたものの、僕の心には不安が広がっていた。

「こんなの毎週続けるなんて、無理じゃない？」

とりあえず来週の予約は入れたけど、通える自信がない。パーソナルトレーニングを終えてから、丸々2日は日常生活もままならないほどの疲労感に襲われ、仕事の時間以外はずっと横になってゴロゴロするしかなかった。

しかし、インスタではすでにパーソナルトレーニングに行くことを報告しているし、自分磨きのためにがんばりますと宣言している手前、こんなところで諦めるのはさすがにかっこ悪い。

そんな気持ちにあと押しされて、僕は次の週もパーソナルトレーニングに向かっていたのだった（言い方）。

ここで、昔話を少しだけ。僕は19歳のころにも、筋トレをしようと意気込んだことがある。運動はというと、お察しのとおりそんなに得意ではない。中学校や高校で行われるスポーツテストもギリギリ平均くらいで、運動そのものに苦手意識を持っていたと思う。

当時から筋肉少なめ猫背マシマシだった僕は、スポーツジムに通うことにしたのだが、これがまったく続かなかった。だから、今回自分磨きを意識するにあたって、「また挫折したらどうしよう」という気持ちはかなり大きかった。

19歳のころに比べれば、運動不足は加速しているし、あのころよりも筋肉量が少ないかもしれない。19歳のときに秒でくじけた僕が、果たして続けられるのか？という疑念はあった。

では、今回なぜパーソナルトレーニングに通えているのか。それは間違いなくインスタのおかげだ。自分の目標を多くの人に宣言している手前、やめるという選択肢はなかった。

おそらく、SNSという媒体を使わずに一人で自分磨きをしていたら、遅かれ早かれ挫折していただろう。一人でもストイックに自分磨きを続けられる人もいると思うけど、僕の場合は人に宣言をしてやめられない環境を作って継続した。

だから、僕と同じように一人ではなかなか続けられないという人は、SNSに記録を残す方法がおすすめです。

疲労が達成感に変わるとき

パーソナルトレーニングに通いはじめて2か月後、僕の体に変化が表れた。体重は2キロ、筋肉量は3キロ増えて、ベンチプレスで持ち上げられる重さも55キロを更新。え、ちょっと待って。うれしい。最初はゼラチンのように震えていた二の腕も、少したくましくなってきた。

パーソナルトレーニングに行くたびに、トレーナーさんから褒めてもらえるのも自己肯定感が上がるので、筋トレにも自然と身が入るように！　もう少し鍛えたいと思うようになった僕は、トレーナーさんから基本的な鍛え方を学びながらセルフジムにも通うようになった。

最初のころは疲労しか感じなかった筋トレだったが、最近では達成感に変わりつつある。筋トレのあとは、今でも筋肉痛に襲われるが、いつからか「痛いってことはちゃんと効かせるいいトレーニングしたんだな」と思えるようになったのだ。筋肉痛がひどければひどいほどうれしいという（ちょっと危ない）、人生初めての感覚を手に入れた。

今はまだ週に1回、1時間程度しかセルフジムに通えていないが、今後は週4回をデフォルトにできるといいなと考えている。

さて、筋肉が増えたことで服の着こなしは変わったのかというと……かなり変わりました！　胸板が鍛えられたので、ヒョロヒョロ感が薄まり前よりもかっこよく着こなせるように変化（泣）。二の腕も2～3センチ太くなったので、半袖を着ても、いい感じ。

もしかして筋肉ってファッションの一部なの？というくらい印象が変わった。筋トレを始める前は「俺の筋肉を見ろ～!!」的なナルシシズムの象徴だと思っていたけど、全然そんなことはなかった。そこにあるのはより良い自分でありたいという純粋な気持ちなのだ。

筋トレを続けてみて実感したのは、同じ自分磨きでも服や髪型を変えるのとは達成感が違うということ。服や髪型はその道のプロが僕に合うものを提供してくれるが、筋トレは自分の努力がなければ絶対に変わらないのだ。

もちろん効率的な筋肉の鍛え方は教えてもらえるが、それをやるかやらないかは自分次第。服や髪型のようにただ待っていれば完成するというものではない。

さらに、1日で印象を変えられる服や髪型と違って、筋トレは変化が分かるようになるまでに相応の時間がかかる。時間をかけて自分に負荷をかけた結果得られる変化は、やっぱりうれしい。

少しずつ体が変化して、だんだんと服が似合うようになってくることも、ジムに行って筋肉量を調べたときに、数値が増えていることもうれしい。

こうして、運動に抱いていた「つらい、きつい、面倒くさい」という感情はどこかに消えた。何度も挫折した筋トレと、僕はようやく向き合えた気がする。

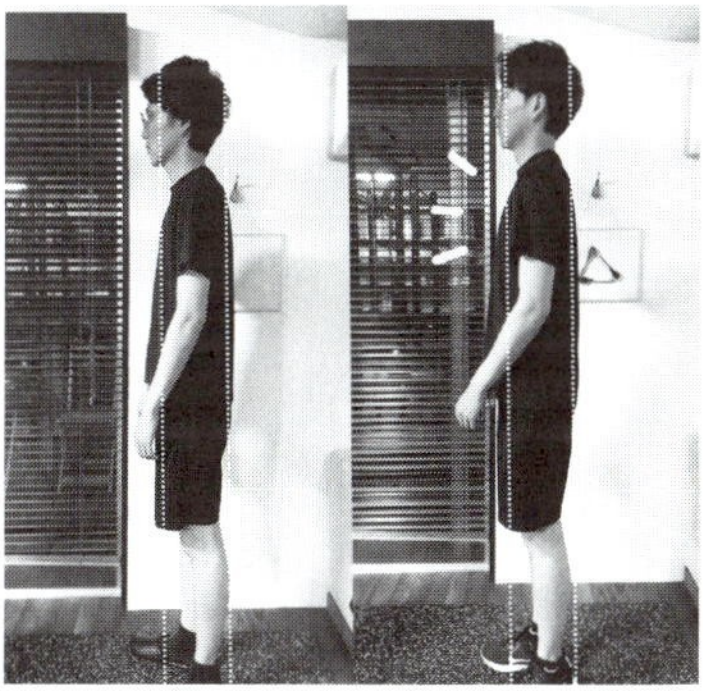

筋トレを始める前（左）と、約2か月後（右）。少し胸板が厚くなり、姿勢も良くなった。

猫の見本になる背中

猫が通う猫背スクールというものがあったとしたら、そこの講師になれるくらいには猫背を極めているミタカです。しかし、僕は残念ながら人間。人間界における猫背は、決して良い印象を与えない。姉からも姿勢についての指摘は昔から受けていた。

姉

「姿勢が歪んでいると、何をしていてもきれいに見えない」

友達には「体の丸まり方だけで誰だか分かる」と言われるくらい個性的な猫背をしているので、よほどひどいことになっているのだろうと思い、ジム通いと同時に今度は姿勢矯正を訪れることにした。

診断の結果がこちら。

・体歪みまくり
・レジェンド級猫背

・首は驚異の40代

道理で肩こりがひどいわけだ。どうにかなっちゃってる体をどうにかするための施術は骨盤矯正＆筋膜リリース。その感想は……。

「先生！　痛すぎます！　痛い！　痛い！　痛い!!」

歯を食いしばりながら悶絶した結果、めちゃくちゃ変わった。良かったぁ。あんなに痛かったのに変化がなかったら、白目剥いて倒れていたと思う。アーチ状の背中はまっすぐに伸びて、なんと身長も1センチアップ。首は40代から何歳になったんだろうと心の中で思いながらも、聞けないまま終わってしまった。僕の首はまだおじさんなんだろうか。

その後は、日常生活で意識したほうがいいことを教えてもらった。分かってはいたが、足を組むのは絶対にダメらしい。中学生のころから足を組むのが癖になっているので、背骨だけでなく腰もかなり歪んでいるみたいだ。

先生からのアドバイスをもとに、日常生活ではとにかく足を組まないことを意識する。

とはいえ、椅子に座って作業をすることが多いので、気が付くと僕の右足と左足は絡まっている。あぁっ！　また組んでる！

そして、困ったことに、意識すればするほど僕の集中力は低下していく。

足組んじゃダメ……え～っと動画の編集……あ～今足組みそうだった。あぶね～。あ、そうだそうだ写真をダウンロード……しようと思ってたらまた右足が……ところで僕は今何してるんだっけ？

考えごとができない！　気が散って仕方がない！　しかし、この地道な努力を続けなければ、ストレートな背骨は手に入らないのだ。

初めて姿勢を意識してからもう4か月が経過しようとしている。多少はマシになったものの、気を付けないとまた足を組んでしまうので、なかなか長い時間がかかりそうだ。

ここで、姿勢にまつわる話をもう一つ。僕が自分磨きをしていることを知っている友達にある日こんなことを言われた。

「無意識だと思うんだけど、立ってるときにゆらゆら体が揺れているのダサいよ」

え？　僕って立ってるとき揺れているの？　そんなバカなと思いつつ会話を続けていた次の瞬間、僕の体はくねくねと動きはじめた。

ゆ、揺れている〜!!　あれ、揺れずに立つってどうすればいいんだろう。手はどんなふうにしていればいいんだろう。座っているときと同様に、こちらも意識すればするほど手の置き場が分からない。そして、無意識がゆえに自分ではなかなか気が付かない。

こういうことをハッキリと言ってくれる友達に感謝しつつ、最近は立ち姿にも気を配るようになった。

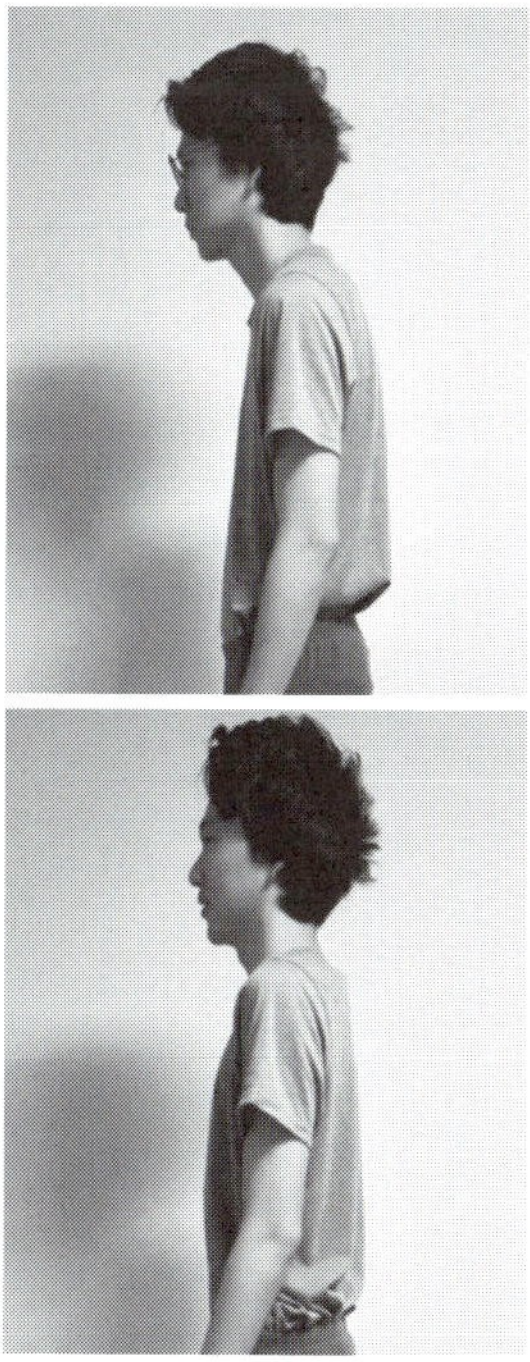

たった一度の施術で猫背（上）から、シャキッとした背筋（下）に大変身。

背中と腸の意外な関係

みなさんは、腸が健康でないと猫背になると知っていますか？　僕はまったく知りませんでした。僕が、この背中と腸の関係性を知ったのは、顔整体をしてもらったことがきっかけ。いったい顔整体と猫背にどんな関係があるのか。順を追って説明していこうと思う。

僕のインスタに寄せられたコメントで目についたもの。それがこちら。

「もっと笑ったらいいのに」
「顔怖いよ！」

これには度肝を抜かれるほど驚いた。なにを隠そう、僕は大のお笑い好き。しかもすぐに笑い転げるタイプなので、いつも笑顔でいるくらいのつもりでいた。思い込みって怖い。顔が怖いよりも怖い。

お笑い効果で表情筋が勝手に鍛えられると思っていたけど、現実はそんなに甘くなさそうなので、表情筋トレーニングを取り入れることに。僕が参考にしたのは、うちやま先生という方のトレーニング方法で、その様子をインスタに投稿すると、ご本人から「顔整体をしてみませんか？」とのお誘いをいただいたのだ。

さっそくお店を訪ねると、顔と首の歪みは目の悪さから来ていることも多いとのこと。確かに、僕は裸眼で0・02ほどの視力。さらに、長年悩んでいる猫背に関しても耳寄りな情報をゲット。腸の調子を改善すると、それに伴い背筋がピンと伸びる効果があるらしい。

前々から、「腸活」という言葉は気になっていたものの、ちゃんと調べたことはなかったので、これを機にいろいろと調べて実践することにした。

グルテンフリー生活

フォロワーさんに「腸活ってどんなことをしていますか？」とアンケートをとってみた。すると、乳酸菌飲料を飲んでいる人や、体を温めている人、意識して運動している人など、人それぞれの腸活があることを知った。そのなかで僕が気になったのは、グルテンフリー。

フォロワーさん

「グルテンフリー食材を取り入れてから、体の不調が消えたのでおすすめです」

グルテンフリー生活をしているみなさんによると、腸の働きを良くするだけでなく、肌がきれいになったり疲労が軽減されたりもするらしい。毛穴洗浄に通うほど肌に気を遣うようになり、パーソナルトレーニングにも通いはじめた僕にとってはぴったりの効果だ。

グルテンについて調べてみると、小麦粉と水からできるたんぱく質だということが分かった。このたんぱく質の摂取を抑えた食事を心がけるのが、グルテンフリーということらしい。なかには、グルテンをまったく含まない食事を意識する人もいるらしいが、調味料にも入っていることがあるので、さすがにゼロにするのは難しいだろう。

しかも、僕の好物はパスタとピザ。グルテンたっぷりメニューだ。さすがにずっと続けるのは難しいが、2週間ほどで効果を実感できるということなので、ものは試しでゆる〜くグルテンフリー生活を送ってみることにした。ちなみに、このグルテンフリーを姉は早くから意識していて、普段からグルテンフリーの麺を使っているそう。

「うちに来たときに食べているパスタは、基本的にグルテンフリーだよ」

え……そうなの？

●1日目：置き換えの可能性が広がった

記念すべき初めてのグルテンフリーごはんは、とうもろこし麺のパスタ。普通のパスタに比べると食感がもっさりしているが、置き換えても問題ないくらいの味わいだった。とうもろこし麺以外にも黄エンドウ豆麺、玄米麺などがあり、それぞれ食感や味が異なるので料理ごとに使い分けるのが良さそうな感じ。

●2日目：不自由なグルテンフリー

昨日とは違うものを食べてみようと思ってレシピを検索したのだが、揚げ物はパン粉が含まれるものは当然食べられない。カレーを食べようと試みたが、小麦が入っているらしく断念。ハンバーグにはパン粉、酢豚やエビチリなどの中華にも小麦が入っている。

レシピを見渡したが、小麦の入っていない料理が見つからない。仕方がないので、昨日と同じグルテンフリーパスタを作り、夜は焼き魚定食でフィニッシュ。……と思っていたのだが、しばらくすると小腹が空いてしまいプロテインを流し込んで眠りについた。

●3日目：救世主はタイ料理

グルテンを意識すると、どうしても質素な料理ばかりになってしまう。いよいよ、僕の胃が味の濃いものを求めはじめた。いつもだったら辛いラーメンをガッツリ食べるところだが、今はそうもいかない。しかし、どうしても味の濃いものを食べたい！　何かに取り憑かれたように検索した結果、ようやく見つけたのがタイ料理。

ガパオライスにはお米を使っているし、パッタイも米麺でできている。しかも味付けはしっかりめで辛いものも食べられる。僕の願望をすべてかなえてくれるタイ料理、万歳！

●4～8日目：浄化作用の到来

ここで僕の体に異変が起きる。4日目に吹き出物が現れはじめたのだ。7日目には頭痛が治まらず一日中ボーッとして過ごしてしまった。吹き出物は8日目にかけてどんどん悪化。仕事にも集中できず倦怠感も凄まじい。

ここでGoogle先生の出番。調べによると、日常的にグルテンを摂っている人がグルテンフリーの食事にすると、体内の毒素を排出するために〝浄化作用〟が起きる（ことがある）らしい。その主な症状が倦怠感や眠気、めまい、頭痛、肌荒れなど。普段から小麦を摂取している量が多ければ多いほど、この浄化作用に苦しむらしい。

ただ、起きた変化はマイナスなことだけではなかった。5日目を過ぎたころ、僕の腸は大快便時代を迎えた。元々便秘ではない僕ですら効果があったので、腸事情でお悩みの人はさらに大きな効果が期待できるかも。

●9日目：整体師さんも褒める腸に

いつもお世話になっている整体師さんのところへ行くと「腸が柔らかくなっている！」と言われた。グルテンは粘性が高く、人によっては腸内に張り付いてなかなか排出されないそう。その結果腸が硬くなるという情報を初めて知った。

おいしいという基準だけで食事を選ぶのではなく、自分の食べたものが自分の体を作るという自覚が大事なのだと改めて気が付いた。パスタとピザを好きな気持ちは変わらないけど、好きだからといって毎日食べていたらいい影響はない。これからはグルテンと適度な距離感を保っていきたいなと思う。

●10〜11日目：消滅したけだるい眠気

たいていごはんを食べたあとは眠くなってしまうのだが、グルテンフリー生活のおかげなのか、食後にコーヒーを飲まなくても活動できた。食後に眠くなる理由について調べてみると、グルテンには血糖値を上昇させる糖質が入っているので、食後に血糖値を下げるためのインシュリンが体内で大量に生成される。その結果、血糖値が急降下し眠くなるらしい。

つまり、グルテンを控えると血糖値が上がりにくくなり、下降幅が小さくなるので眠くなりにくいということ。今までは、マストだった食後のコーヒーだけど、ついに嗜好品へと昇格。脳を働かせるためではなく、味わいを楽しむために飲む、ワンランク上の男になれるかもしれない。

これに付随するように目覚めも変化した。朝の目覚めが信じられないくらい爽快。毎日のように二度寝していたので、僕は朝が苦手な人間なんだと思い込んでいた。しかし、どうやらこれもグルテンの影響だったらしい。

このころにはだんだんと浄化作用も落ち着いてきて、頭痛もなくなり肌の調子も改善に向かった。

●12～13日目：人間関係かグルテンフリーか
友達と飲みに行くことになったのだが、テーブルに所狭しと並ぶグルテンたっぷりメニューたち。大好きなピザが目の前に出てきたときには、つい手が出そうになったが、ここはグッと我慢。すると友人が僕に気を遣って声をかけてくれた。

「ん？　なんで食べないの？」

「今、グルテン控えてるんだよね……」

「お、おう……なんか頼んじゃってごめんね」

長期間グルテンフリーを続けるなら、人と一緒に食べるときには気にしない、くらいのゆるさで行ったほうが精神衛生的にもいい気がした。そして飲み会の次の日。わりとお酒を飲んだにもかかわらず、二日酔いになっていなかった。ただ、これに関してはグルテンフリー効果なのか、たまたまなのかは分からない。

●最終日：十割そばって旨くない？

小麦を避けるとそばもダメかと思っていたが、十割そばならいける！ということに気が付いた最終日。もっと早く出会っていればプロテインで空腹をごまかす回数も減っていたかもしれない。

●全体を通して感じたこと

2週間完走したグルテンフリー生活。思わぬ肌荒れに苦しんだけど、このあと何日かグルテンフリー生活を延長して経過を観察。新規の吹き出物は姿を消し、この生活をする前に気になっていた顔の赤みが減った。結果的に肌の状態が改善するといううれしい変化が！

肌に関しては、日頃グルテンを多く摂取していることもあり、今回は浄化作用が強めに出てしまったのかもしれない。しかし、これからグルテンを意識的に減らしていけばちょうど良い着地点が見つかりそうだ。

どこかで「これ以上きれいな肌にはならないだろう」と思っていたけれど、内側から整えることでさらに高得点を叩き出せるようになった。今まではあまり気にせず好きなものを好きなときに食べていたけど、もう少し自分の体のことを考えてみようと思う。

コメント返してみた

投稿、ストーリー、DMなどミタカのインスタに日々寄せられる数々のコメント。一部厳選し、本人が全力で返信してみた！

まずは姿見鏡を買うことからおすすめします！

（ミ）当たり前なのかもですが、着替えたときに自分がどんな服を着ているのか、全身のバランスを確認できる鏡って重要ですよね……。

・髪を伸ばす→似合う髪型とかは伸びてきてから考えればいいと思うのでとりあえずマッシュ。
・メガネをかけない→ほかの動画を見てコンタクトは無理なことを知っていますけど、やっぱり人間メガネじゃないほうがいい。
・服装を変える→正直服に興味ない人はGUとユニクロのみに絞って買うのが安く済むし簡単におしゃれになれる。
この3つは相手に好印象を与えるのと自分に自信を持つために重要！

（ミ）超実用的で具体的なアドバイス！
これ全部やったら誰でも垢抜けそうなくらい……！

姿勢を直してみてはいかがでしょうか！
自信がないように見えます……。
胸を張っているほうが男らしく、大きく頼りがいのある存在に見えます！

（ミ）姿勢が悪いのは自覚してたけど……、やっぱり姿勢が悪いと頼りがいがなくて弱そうに見えますよね。改めて実感です。

（初デートに何をするか）カフェランチだと、ごはんを食べ終わってもケーキとコーヒー追加して時間調整しやすい！

この意見は多かったけど、盛り上がりに合わせて時間調整できるというのは納得すぎました（笑）。

旦那が筋トレ好きですが、いつも言ってる言葉が「筋トレ1割、食事9割」です。
いくら筋トレしても、ちゃんと筋肉がつく食事をしていないと、最初は良くても持続して筋肉をつけるのはなかなか難しいみたいですよ！

（ミ）筋トレは食事が大事だとはなんとなく分かっていたけど、9割と言われるほど大事とは！
今は、体に入れるものはかなり気を遣っています。

実用ネタ編

「なるほど」と感銘を受けた内容

今マッチングアプリやっていて、個人的に男性の写真でなんとなく嫌だなって感じることを書いておきます。

・洗面所での自撮り
・謎に筋肉アピール
・至近距離での自撮り
・アプリとかで加工されたキラキラな写真
・マスクとかモザイクで全顔見えない
・顔が写っている写真が一枚もない
・首から下、後ろ姿で顔が分からない
・一緒に写っている人をスタンプで隠しているけど、明らかに女性
・車とかバイクの写真

今はプロフ写真をきれいに撮ってくれるサービスもあるので、お金をかけるのもありかなと思います。

（ミ）こちら、女性フォロワーさんから共感の嵐だったので、全男性やめといたほうがいいかもしれません！

これまで彼女いたことがあるかってそこまで重要じゃないと思います！わざわざ言われると、相手も構えちゃうし、「こっちがリードしててこと?」ってプレッシャーにもなりかねないので、聞かれたら答えるくらいでいいと思いますよ！

（ミ）そうなんですね……。まずは彼女について聞かれるくらい興味を持ってもらわないとですね！

（会話は）マジカルバナナ方式をとるといいかと。
お寿司といったら魚→魚といったら水族館→水族館といったら海→海といったら……etc.
会話は連想ゲームなので、そんな感じで枝張りしていけば、尽きることないかも。

（ミ）この方法、無理なくやったら一生話せますね！

ダサいんじゃなくてですね、服がシワシワなのが気になります。

（ミ）あんまりケアしたことなかったけど、シワのケアをしっかりしないといい服も台なしになってしまうことに初めて気が付きました。

面白ネタ編
思わず笑ってしまった内容

すでに僕は敗北した（追い抜かれた）。

こうやって面白おかしく褒めてくれるフォロワーさんに、すごく元気もらっています！


あと15年経過してもまだ30代やし、うちの娘も恋愛対象に入るんで100日後と言わず5000日後でも大丈夫。
（ミ）5000日後まで待てなかったので、今がんばることにしました（デジャブ）。

33歳くらいになったら、こういう男性が爆モテするんだけどね。
（ミ）10年は待てそうになかったので、今がんばることにしました（笑）。

かれぴと弟がちょぃダサなんですが、「柄がない」「色がない」「みんな同じ格好してる」と口をそろえて言います。

センスがないなら冒険はせずに、「誰でも着こなせる格好をかっこよく着こなすんや！！！」と指導（？）してます。
（ミ）かれぴさんと弟さん、考えていることがおそらく僕とまったく同じです。一緒に垢抜けられているかな……。

私たちに結婚まで追いかけさせてほしい。
（ミ）末永くお願いいたします。

（マッチングアプリからの初デートの構想案）

俺なら最初は実家に連れていって、親に会ってもらってから、コンビニでゼクシィ買ってカフェかなぁ。
（ミ）スピード婚を目指している方にはおすすめですね。

お姉様が好きすぎる。
（ミ）姉の人気、絶大ですね……。

ピザを丸いまま食べているのが気になって服の話が入ってこんのよ。

（ミ）一人暮らしで、一人で食べるピザは丸いまま食べるのがデフォです!?!?

恋愛経験ないと言われたら逆にうれしいのは私だけでしょうか？　調教しがいがある！

（ミ）もし恋愛経験がなくても、それが好きと言ってくれる人もいるみたいですね（笑）。

マッチングアプリのプロフィール写真に肉の写真（焼肉、ステーキ、BBQなど）を載せてる男性がめちゃくちゃ多いんです。ですが肉の写真を載せるのは絶対やめたほうがいいです。女子には一つも響かないです。謎です。いいですか。プロフィール写真に肉を載せてはいけませんよ。

（ミ）すごい圧（笑）。でも共感の嵐！　肉の写真はやめておきます！

知り合いの青と紺に聞いてみたら、青も紺もミタカさんのこと結構好きみたいです。

（ミ）僕が好きな青と紺は、結構僕のこと好きらしいです。知らないところで両思いだったみたいでドキドキしました。

とりあえず付き合ってもろて良いですか？　既婚ですが。

（ミ）ミタカ、なぜか既婚女性に大人気なもようです……。

ええやんええやんΣ(*oωo艸;)!?
たまごっち育てる感覚でフォローしちゃった。がんばれ青年！！

（ミ）昔よく遊んでいた、たまごっち。まさか育てられる側になる日が来るとは……（笑）。

褒め上手な男性が好き

これだけは大声で言わせてほしい。女性が美容院をはじめ、ネイルに行ったり、美容液を買ったりしているのは、異性にモテるためにやっているわけではない。自分自身のためにやっている。これを前提としたうえで、好きな人に新しいネイルに気付いてもらえないのは、結構悲しい。「何それ？　意味分からん」と言う男性もいると思います。しかしながら、**自分のためにしていることでも、適度に男性に褒められたい**んです。ごめんなさい。

　今の彼氏に初めてネイルを褒められた日は、初デートのとき。当時の私は、クリスマスツリーが描かれたネイルをしていました。会ってすぐに彼は「クリスマスツリーだ！　かわいい！」と笑顔を見せてくれました。そして2回目のデート。この日はシンプルなネイルに変えて挑みました。すると、またもや彼は会ってすぐに「ネイル変わってる！　シンプルなやつも似合うんだね！」と言ってくれました。ネイルが変わっていることに気が付いて、サラッと褒めてくれる。「おお、この人褒めどころが分かっているなあ」と思いました。こりゃ最高。

　〝自分のため〟にやっている美容であっても、**変化には気が付いてほしいのが、女心**です。ネイルが変わっていたら「新しいネイルだ！　似合ってるね」と言ってくれたらうれしいし、髪型が変わっていたら「新しい髪型も似合うね」と言ってくれたら最高です。余計なことは言わずに、新しい○○も素敵だね！と言ってくれたら、その日はちょっぴりご機嫌に過ごせます。

（第4章）

出会いを求めて

ド素人のプロフィール作成

これまで、姉やフォロワーさんからアドバイスいただいたことを積み重ねて、インスタを始める前とは違う自分を手に入れた。しかし、それは外見だけの話。コミュニケーション能力に関しては、自分磨きをする前から何も変わっていない。特段誰かと会う努力もしてきていないので、経験値はゼロのままだ。

コミュニケーションは座学で学ぶよりも実践あるのみ！　ということで、いよいよマッチングアプリをインストールしてみた。実は、インストールするだけなら、何年か前にも挑戦している。しかし、CMを見終わる前に心が折れ、すぐにアンインストール。僕は何も見なかったことにした。

当時の僕がつまずいたのは〝プロフィール作成〟。誰かに面白がってもらえるような趣味もなければ、人より秀でた能力があるわけでもない。明るくもないし話も下手。このままだとプロフィールすら読んでもらえないと思った僕は、そこで何かをするわけでもなく、ただアンインストールして新しい出会いから逃げたのだった。

そんな恥ずかしい過去はあるけれど、僕は自分磨きを通してほんの少しの勇気と自尊心、そして自信を持ちはじめていた。今こそ、マッチングアプリにリベンジするチャンスだ！　ひとまず、前回つまずいたプロフィール作成についてリサーチを重ねてみる。フォロワーさんのコメントや、自分で調べた情報を頼りに書いてみた。

初めまして。
好きなことはF1とお笑い。
好きな食べ物は辛いもの。
休日はよく散歩しています。

できあがった文面はこんな感じ。マッチングアプリ上級者から見たら内容が足りていない部分はあると思うけど、僕なりにがんばって書いた。この文面を考えるのに費やした時間はおよそ30分。自己紹介の文章にこれだけ時間がかかっているようでは、先が思いやられる。

しかし、前回はこのプロフィールすら書けなかったのだ。これも、フォロワーさんが実体験からのアドバイスをくれたおかげ。一人じゃ絶対にできなかったと思う。これだけは自信がある（そんな自信は持つな）。

フォロワーさんからいただいたコメントのなかに、目から鱗の情報があったのでここで紹介しておきたい。

「何を書くのかが重要なのではなく、余計なことを書かないことが重要です」

一回読んだだけでは理解が追いつかない。

余計なことって何?

もしかして、F1が好きって余計な情報だったりする?


その後も続々と届くコメントを頼りに、この核心めいた言葉の真意をひも解いていく。

どうやら、F1が好きというのは余計なことではないらしい。良かった! ここで言われている余計なこととは、(笑)の多用や「アプリに不慣れですが~」などの前置きのこと。

なにも知らなかったら、普通に書いていた。


このような余計なことを省いて、文章をシンプルに読みやすく整えるのも大切な作業。

マッチングアプリにはたくさんのプロフィールが集まるので、情報をギチギチに詰め込んでも最後まで読んでもらえないことも多いみたいだ。だから、読む人のことを考えて要点をまとめる力がどうしても必要になってくる。

さらに、プロフィールを書くために意気込みすぎると、良い印象を残そうという気持ちが突っ走ってしまうものだが、大切なのはマイナスの印象を与えないテキスト作りらしい。

プラスを積み重ねるのではなく、マイナスを作らない。

さて、最後のハードルは〝彼女いない歴＝年齢〟についてプロフィールに書くか否か。正直に書くほうが印象はいいのだろうか、それとも書かないほうが自然なのか。分からない!!　フォロワーさんに尋ねたところ意外にもポジティブなコメントがやってきた。

「そんなの気にしないから書かなくて大丈夫だよ」

このコメントのおかげで、僕の不安は少しだけ軽くなった。なぜなら僕は、〝彼女いない歴＝年齢〟という事実がコンプレックスだったから。

まわりの友達が恋愛をして、当然のように彼女を作っているのを、正直羨ましいと思っていたし、自分はみんなが普通に経験することもできていないと自己嫌悪に陥った時期もある。

「今まで付き合った人がいないなんて、人間的にヤバいからじゃないの?」

口にはしなくても、そう思われているんじゃないかと考えては怖くなった。そんな不安を振り切って、僕は初めてマッチングアプリにプロフィールを登録した。

ノンマッチングアプリ

登録してからしばらくすると、何人かの女性とマッチングすることができた。最初のうちは、久しぶりに女性とやり取りすることもあってテンションが変なことになっていた。早く返信が来ないかなとそわそわして、次はどんなことを聞こうかなと考えているだけで時間が経過していく。こんなに返信が待ち遠しいのはいつ以来だろう。

しかし、思ったように会話のラリーが続かない。

「こんにちは、よろしくお願いします！」
「こちらこそ、よろしくお願いします」

こんな感じで、お互いに何かをお願いし合って終わったこともある。しばらくはサクサクと会話が進むことがあっても、いきなりプツリと連絡が途絶える。しかし、追撃の連絡をしたら絶対に気持ち悪いと思われるのは分かっている。

仕事が忙しくなっただけかもしれない。
猫の具合が悪いのかもしれない。
Wi-Fi の速度が遅いのかもしれない。

そうやって思い込もうとした。そして、次第に連絡が途絶える人数が増えるにつれて僕は認めるしかなくなった。どうやら、僕が何かやらかしているみたいだ、と。しかし、いくら考えても連絡が来ない理由が分からない。人が不快になるようなことは送っていないはずだ。だって、そんなに込み入った話にすら発展していないのだから。

返信を24時間待ったところで、僕はついにある決断をした。そうだ、姉に聞こう。返信をしない理由を本人には聞けないけれど、女性の立場から意見を聞いたら自分のやらかしていることが分かるかもしれない。

テキストコミュニケーションの罠

姉に状況を説明すると、「どんな文章を送ったの？」と聞かれたので、いくつかのやり取りを見せることにした。

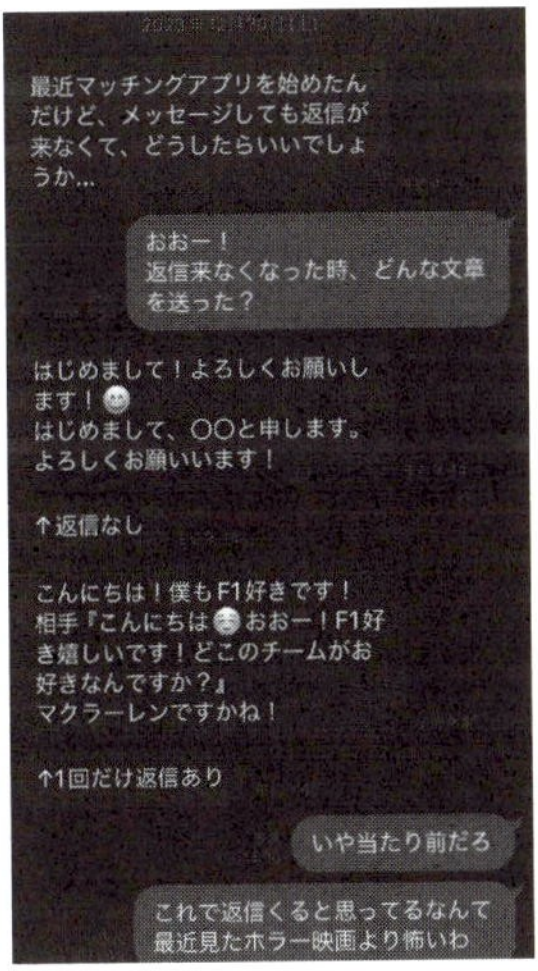
最近マッチングアプリを始めたんだけど、メッセージしても返信が来なくて、どうしたらいいでしょうか…
おおー！
返信来なくなった時、どんな文章を送った？
はじめまして！よろしくお願いします！
はじめまして、〇〇と申します。
よろしくお願いいます！
↑返信なし
こんにちは！僕もF1好きです！
相手『こんにちは おおー！F1好き嬉しいです！どこのチームがお好きなんですか？』
マクラーレンですかね！
↑1回だけ返信あり
いや当たり前だろ
これで返信くると思ってるなんて
最近見たホラー映画より怖いわ

姉に相談したLINEの一部。相手とのやり取りを添削してもらう。

こんなに流れるような会話なのに怖いと思われるなんて、逆に怖いんですけど!?　しかし、僕はここまで連敗中。一度たりとも女性と会えていないのだ。僕は頭を下げて姉に原因を聞いてみる。

「まず、あいさつだけなんて論外。なんで相手が話題を作ってくれると思うの?」

「コミュニケーションはあいさつから進んでいくのでは……?」

誰だか分からないけど「コミュニケーションの基本はあいさつから」って言ってた気がする。それに、話題ってあいさつと一緒に送るものなの? 今まで僕が友達としてきたコミュニケーションとは何かが違う。

「あのねぇ……対面とテキストはコミュニケーションの種類が違うの。初手で自分に興味を持ってもらったり、やり取りを続けたいと思ってもらったりできなかったらダメでしょ」

……初めて知った。みんな、こんなに高度なコミュニケーション力を身につけているの? いつの間に?

「それと、もう一つ。F1の話になったとき、相手が好きなチームについての話を振ってくれたのになんで聞き返さなかったの？」

「……これも相手から返信が来てから聞き返そうと思ってた」

「こんなんで返信が来るわけないでしょ！ ついでに言わせてもらうけど、『ですかね』って語尾も感じ悪すぎ」

「ですかね」って感じ悪かったの!? むしろ、フランクな印象を残そうと思って、わざわざくだけた言い回しを選んだのに！ 姉からいろいろと指摘されて、自分のダメな部分があぶり出されたところで、テキストコミュニケーションで気をつけるポイントを教えてもらうことができた。

① 「○○が好きです！」と伝える
② 好きな選手や好きなところに軽く触れておく
③ 相手の好きなチームなどを聞き返す

これは確かに返信しやすいかもしれない。好きな選手や好きなところは同調もしやすいし、違う選手の話にも広げられる。そして、相手の好きなチームを聞くことで、相手の話に興味があると伝わるのかもしれない。

姉

「会ってみると印象いいのに、テキストだけやけに感じ悪い人っているけど、まさにあんたよ。テキストのせいで自分のことを知ってもらえずに終わるなんてもったいないよ」

姉の言うとおりだと思った。人とやり取りするときに、礼儀やマナーも当然考えなければいけないことだけど、それにとらわれて会話が続かなくなるのは論外。相手が返したいと思う内容を送れなければ、当然返信なんて来るわけがない。

アプリを利用している人のなかには、上手に話を広げられる人、スマートに誘ってくれる人がいる。そういう人とのやり取りに自分の時間を使いたいと思うのは、相手の立場になって考えれば分かるはずだ。

自分の時間を使ってでも返信したい。

自分の休日を使ってでも会いたい。

そう思ってもらえなければ、本当の意味でマッチングすることはできないのだ。

初めての面会

姉からのアドバイスを心に刻み、マッチングアプリでのやり取りを続けた結果……、無事に会う約束を取り付けることができた!! 姉や母以外の女性と出かけるのは初めてだ。誘えたことでなかば満足しきっていたのだが、しばらくすると急に現実味が湧いてきて、いろいろな疑問が嵐のように巻きおこる。

で、で、で……出かけるってどこに!? おしゃれなカフェみたいなところに行ったほうがいいのか、それともちょっと気楽に飲める居酒屋っぽいところ? でも居酒屋って夕方からしかやってないよな……。さすがに夜会うのは相手も嫌かもしれない。いっそ、カラオケとかボウリング、映画みたいなレジャー系!? いや、それはないか。話せないし、初対面の人と盛り上がれる気もしない。水族館はちょっとムードがありすぎるし、僕は散歩が趣味とは書いたけど、歩き回るのもきっと疲れさせちゃうだろうな。

こういう出かけ方をしたときには、どのくらいの時間に解散するものなんだろう。あまり引き留めるのも悪いし、かといって短すぎても良くないか。

――30分後。

ハッ!? ちょっと待って。こんなこと考えてたら、なにも進まないまま30分過ぎ去っているんだけど? このままだと初対面の日が来ちゃうんだけど? ……マズイ。早く予定を決めなければ。

さっそくPCとにらめっこを開始。Google先生によると、最初から居酒屋や、焼肉などのがっつりした食事は嫌がる人も多いみたいで、カフェでお茶をしながらゆるりと話すくらいがいいみたい。

女性はヒールを履くことも多いので、散歩や長い時間歩くような場所もNG。映画は刺さる人には刺さるけど、相手がまったく興味のないジャンルを選んでしまうとつまらない時間を過ごすことになってしまう。これは、ある程度興味を把握してから入ってくる選択肢なのかもしれない。

とりあえずカフェに行くことにしたものの、僕が普段通っている店というわけにもいかないだろう。初めてお会いするので、僕だって多少は背伸びしたい。チェーン店よりはもう少し落ち着いた雰囲気のカフェを探し、ようやく場所が決まった。リサーチにかかった時間は……50分。

いったいどこでそんなに時間がかかったのか僕には分からない。だけど、そんなことはどうでもいい。カフェに予約の電話を入れて、お相手にもその情報を共有する。これであとは当日を迎えるだけだ。

エラー&エラー

面会当日。カフェで13時に待ち合わせをすることにした。最初は、最寄りの駅で集合することも考えたが、お店までの間になにを話したらいいのか困りそうだったので、「お店でゆっくり話そう」と割り切ることにした。

ちゃんと会話できるだろうか。

相手を不快な気持ちにさせないだろうか。

待ち合わせ場所に到着するまで、余計なことを考えて緊張しっぱなし。こんなにドキドキするのは、バンジージャンプを飛んだとき以来だ。空中に体が放り出されて、胃がひっくり返っているんじゃないかというくらいの違和感がある。

「バンジージャンプのほうが、よっぽどドキドキするよ！」

そんなコメントもいただいたが、きっと恋愛経験の多い猛者なのだろうと思い込むことにした。お相手と会ってからの時間は、正直細切れにしか覚えていない。「途中で気を失って倒れていたんだよ」って言われたら信じるレベル。だけど、上手くいかなかったことだけは分かる。2時間は話していたはずだけど、僕の体感では30〜40分くらい。その間、会話が弾んだ瞬間はほとんどなかった。お相手のプロフィールに書いてあった「休日はネトフリとマンガ三昧です」という情報を頼りに質問を開始。


「どんな作品を見るんですか？」

「あ、最近はあんまり見れてなくて……」

「あ、あ……そうなんですね」


――用意してきたトークデッキのカードが1枚減った。会話時間は導入も含めて1分程度。このままだとあと120個の質問がなければ時間がもたない!! とりあえず、目の前にあるコーヒーに口をつけて、時間をかけてひと口飲んでみる。この間、わずか3秒。いったいあと何口飲めば……!?

と、とにかく目の前の女性と話をしなければ。あとほかに何を話そうと思ってたっけ……えっと……えぇ～っと……出てこなーい（泣）!!　最も恐れていた事態に頭が真っ白になる。

そ、そうだ！　食べ物の話をしよう。人間は生きていれば絶対に食事をするし、好きな食べ物の話をすれば、大盛り上がりとはいかないまでも張り詰めた空気が多少は和らぐかもしれない。

「す、好きなごはんは何ですか？」
「お寿司です」
「僕もお寿司好きです!!」
「そうなんですね～」

——流れる沈黙。

あれ、会話終わったのかな？　今って僕のターン？　それとも、全然興味のない話をしちゃったのかな。こちらから話しかけようか、相手が話しはじめるのを待とうかと考えていたら、死にかけの魚のように口をパクパクと動かすことしかできなかった。

出会ってからずっと気まずい空気に包まれたままだ。カフェにいるまわりの人たちと比べると、僕たちの座っている場所だけが明らかに浮いている。そして僕は、この沈黙を埋めるために、自分の趣味であるＦ１の話を最後まで語り続けてしまった。絶対に相手が興味ないだろうということは分かっていた。だけど、沈黙が怖くて仕方なかったのだ。

その結果、８対２で僕が一方的に話し続けて、お相手のことが何も分からないどころか、自分のことすらなにも話すことができなかった。約束の２時間が過ぎたころ、二人で店を出て最寄り駅へと向かう。歩いている間も、流れるのは沈黙だけ。ようやく駅に着いて、僕たちはあいさつを交わした。

「じゃあ……またよろしくお願いします」
「……はい、じゃあまた」

絶対に訪れるはずのない二度目の約束。お互いが社交辞令だと理解しているあいさつは虚しい。最初から上手くいくなんて思ってなかったけど、こんなにも上手くいかないとも思っていなかった。テキストでのやり取りが上手くいっても、会話が弾まなければそこで終わりじゃないか。不甲斐ない自分に対して、悔しい気持ちがこみあげる。

初めての対面は、こうして幕を閉じた。

今になって、この日のことを振り返ってみると、失敗に失敗を重ねた日だったなと思う。相手が「最近はネトフリ見てないんですよ」って言ったときに、なんで「今まで見たものでおすすめはありますか？」って聞けなかったんだろう。お寿司の話をするにしても、「僕はなかでもコレが好きです！」と言えたら違ったかもしれない。相手にも「何が好きなんですか？」って聞けば良かった。会話が続かない恐怖に負けてＦ１の話を延々とするのは絶対に違う。それだけは分かる。

のちほど、フォロワーさんにこのときの様子を報告すると、有益なアドバイスを手に入れることができた。

「会話に困ったら、マジカルバナナを意識するといいよ！」

マジカルバナナを知らない人のために紹介しておこう。マジカルバナナとは、1990年代に放送されていたクイズ番組「マジカル頭脳パワー‼」（日本テレビ系）で人気を博したゲームである。

たとえば「バナナといったら黄色」「黄色といったらレモン」「レモンといったら酸っぱい」というように、連想されるものをテンポよく繋げていく。これを会話に応用すれば、どんどん会話が展開していくはず、とのことだった。

……対面する前に知りたかったぁー‼

心の中で小さな僕ががっくりと膝をついた。今さら悔やんでも仕方ないが、この方法なら頭が真っ白になっても会話が前に進みそう。いや、ミタカ。今回は上手くいかなかったけど、お前には次がある。

この苦い失敗を経て、僕は次の出会いへと目を向けることにした。

彼女いない歴＝年齢

前回の失敗を考え込んでいても仕方がないので、さっそく次のお相手と会ってみることにした。やり取りの途中で、お笑いが大好きという共通点が見つかり、ホッと胸をなでおろす。共通の話題があるとかなり心強い。

しかも、今回はお相手がピンポイントで「焼き鳥屋さんに行きましょう！」と提案してくれた。てっきり好きなものを聞いて、こちら側でお店を探すのかと思っていたから、「ここにしましょう！」と決めてくれるのは新鮮だ。

また、焼き鳥というチョイスも僕にとってはちょうど良かった。焼き鳥自体が好きというのももちろんあるが、取り分ける必要がないので話に集中できるのだ。友達とごはんを食べに行くときですら、サラダをモタモタと取り分けているうちに会話から遅れたり、話が入ってこなかったりする。

相手との関係性によっては、到着したメニューをそれぞれの皿にのせて、話しているふうを装い、ニコニコして時間だけが過ぎていくこともあった。今回はそんなことに気を回している余裕はない。

お相手が到着してからは、終始お笑いの話をして盛り上がった。好きな芸人さんの傾向が近いこともあり、ものすごいスピードで会話が進んでいく。今日は、ちゃんと会話がかみ合っている！　とてもいい感じだ‼

お相手が飲み物を注文するために、ドリンクメニューを眺めはじめ、会話に少しだけ空きができる。しかし、会話がない時間も怖くない。空白を埋めるための会話ではなく、余白を楽しむ会話ができているような気がしたからだ。

あの芸人さん知ってるかな？
お笑いのライブとかよく行ってるのかな？
それなら誘ってみようかな？

次に話すことを考えていると、お相手は店員さんに「ハイボールを1つください」とひと言声をかけた。ドリンクメニューを戻しながら、彼女の視線がこちらに戻ってくる。

そして、僕にもひと言声をかけた。

「どれくらい彼女いないの？」

——ついにこの瞬間が来てしまった。お笑いの話なんてどこかに吹っ飛んでいってしまった。しかし、嘘をついても仕方がない。ここは正直に伝えることにした。

「あの……実は彼女がいたことないんです」

——彼女の表情が一瞬固まった。その直後、驚きに満ちた目が僕を見つめる。

「え！　本当に⁉　ごめん！　そしたら私ちょっと恋愛は無理かも！　でもめっちゃ応援してる！」

お笑いの話をしているときのような明るい声が響く。「あ、今断られたんだな」と理解するまでにラグが発生するくらいあっけらかんと言われたので、僕もその反応をすんなりと受け入れていた。不思議と、嫌な気持ちはない。その後、約束の時間がやってきて、僕たちは互いに健闘を祈りながら別れた。

今日はこのまま帰ろうと思っていると、僕のお腹から空腹を告げるチャイムが鳴った。そういえば、話に集中しすぎていてほとんどアルコールしか飲んでいない。僕のお腹はすでに焼き鳥を待ってスタンバイしている。

これは……焼き鳥屋さんをハシゴするしかない！　先ほど訪れた店とは違う系列店へと向かい、席に着いた。

「いらっしゃいませ！　お一人さまですか？」

つい10分前までは二人だったんだけどな。そう思いながら席に着いた。そして、いつの間にか一人反省会が始まる。

彼女の明るい人柄のおかげで傷つくことはなかったが、やっぱり付き合ったことがないのはマイナスなのだろうか。タイミングがなかっただけとどこか軽く考えていたけど、僕が思っていたよりも敬遠されることなのかもしれない。

だけど、前回よりは話も弾んだし、何を話そうか悩んだわけでもない。会話においては反省が生きているのでは？　もちろんお相手の会話スキルが高かったのもあるけど！　というか、ほぼそのおかげだけど！

タブレットでポチポチと飲み物を頼む。いつもどおりならビールを注文するところだが、僕には飲みたいお酒があった。

「ハイボールを1つください」

到着したハイボールを飲みながら、お相手と食べるはずだった焼き鳥を一人で食べる。この日のアルコールはいつもよりも酔いが回った気がした。

一人反省会で飲んだハイボール。「これはお酒です」と書いてあるのに水のように飲んでしまった。

内面を磨くために

これまで僕は、自分の見た目に関することばかりに注力してきた。実際に変化も感じているし、自分磨きは前進している。しかし、そんな僕に姉は衝撃的な真実を突きつけた。

姉

「話が下手でつまらないと、1か月で飽きられて終わりだよ」

僕の場合は、1か月どころかマッチングアプリで出会った人ともまともに会話できずに一瞬で玉砕してきた。面白い話までいかなくても、会話を楽しめるくらいにはなりたいし、彼女がいたことがないというマイナスを多少なりとも打ち消せるなら会話力を磨きたい。

でも、会話力を磨くなんてどうすればいいんだろうか。

悩んでいる僕を見かねて、姉が僕に問いかける。

姉

「好きなドラマのあらすじを話してみて」

突然何を言い出すのかと思えば、ドラマのあらすじ？　姉の意図は分からないが、僕は人生で一番好きな海外ドラマ「SUITS／スーツ」について話すことにした。しかし、キャラクターの説明や、恋愛模様、繰り広げられる頭脳戦の面白さを伝えようとするが、上手く要約できない。あれ、結局何が面白いドラマなんだっけ？と話している僕ですら戸惑ってしまった。

あんなに好きなドラマなのに、こんなに話せないなんて。正直すごく驚いた。人との会話は、自分が好きなことやのめり込めるような話だけでは成立しない。自分はあまり興味がないけど、何かしら興味を持てる部分を探して、話を共有していく力が必要なのに、僕は自分が好きなことすらまともに話せないのだ。

おそらく、僕が説明するドラマのあらすじを聞いても、「面白そうだね！　今度見てみるよ」という人はいないだろう。面白いものを面白いと伝えられないなんて、そんな人間と話していて楽しいわけがない。

姉曰く、この要約力こそ会話に大切なスキルらしい。「好きなことについて話して」と言われて長々と語ることなら誰でもできる。大切なのはどんなところが面白いと思ったか、そして話の大筋は伝わるようにしつつ、聞いた人が興味を持つような順番で話すこと。これらを意識しないと上手い要約はできない。

それ以外にも、姉から内面を磨くために必要なことを教えてもらった。

①　今、世の中で何が起きているのかを知る

これは、話し上手というよりは大人のマナーということらしい。最近話題の○○というだけで会話のネタになるので、ニュースやトレンドはある程度押さえておくこと。自分だけが知らないという状況になると、最初から説明しなきゃいけないので、結果的に他人の時間を奪うことになる。どんなにほかのことを知っていても「この人最近のこと知らないんだ」と思われたら、そこで見限られてしまうこともあるらしい。

②　TOEICで800点を取る

これは、僕が英語に興味があるというのを受けて出てきたアドバイスだ。仕事以外で何か熱中できるものを見つけられれば、特に英語である必要はないとのこと。ただ、点数によってある程度のがんばりが視覚化されるのでモチベーションが上がりやすく、意欲的に続けられるとのことだった。

③　新しいことに挑戦する

勉強とは別に、新しい趣味やコミュニティを探すことをすすめられた。というのも、何かに没頭している人はすごく魅力的に見えるらしい。確かに、今まではなんでもYouTubeで情報を集めればいいやと思っていたけど、実際に人に会って話してみると全然上手くいかないし、リアルなコミュニケーションでしか学べないことがあるのも分かってきた。新しいコミュニティは積極的に探してみよう。

新たに姉から教えてもらった自分磨きのきっかけ。一朝一夕では身につかないことばかりだが、だからこそ僕自身の確かな力になるのだろう。こうして僕はまた自分磨きの新たな一歩を踏み出した。

ペラペラな英語スキル

高校時代に好きだった教科は英語、と言えるくらいには愛着があって、大人になってからも英語を勉強していた時期がある。その理由は、英語が話せる人はかっこいいと僕自身が思っているからだ。

しかし、単語を覚えただけでは使い物にはならないし、かといって文法を意識しすぎると実際に会話をすることもできなくなってしまう。そんな理由で、やる気スイッチが故障しては挫折するというループにはまってしまったのだ。

現在の英語力はというと、本当にギリギリで海外旅行ができるくらい。まともな会話は成立しないだろう。今まで行ってきた英語の勉強は参考書を読んで、ひたすら暗記する方法だったので、今回は楽しく続けられるように勉強方法を工夫してみようと思う。その方法は、映画やドラマを見て会話のワンフレーズを覚えるというもの。

さらに、会話に慣れるために導入したのがＡＩとの練習だ。ＡＩが質問してくれて、その解答例も出してくるので、会話に迷いがない！　さりげなくドラマや映画で覚えたフレーズを入れてみると、ちゃんと伝わって、その先の会話へと展開するので気持ちがいい。

日本人の気質もあると思うが、失敗するのを恐れるあまり、英語での会話を積極的にできない人が多いと思う。僕もその一人だ。だけど、英語への憧れはあるし、話して英語力を身につけるのが一番手っ取り早いというのは分かっている。

そんな僕でも英語の会話を恥ずかしがらずにできるのが、このＡＩシステム。自分一人で英会話の練習ができるなら、恥ずかしさを気にする必要がないのだ。もちろん、この先には実際に人と話すという目標があるのだが、まずは会話が楽しいと思えなければ人と話す気にはなれないだろう。

ある程度の英語力を身につけて、会話を楽しむ。そして人と話してさらにスキルアップを目指す。このやり方なら、途中で挫折しなくて済むのではないかと僕なりに考えて、新しいやり方を取り入れてみた。

最終的には、日常会話くらいは英語でやり取りできたらいいなと思っているけれど、今はＡＩと英語をしゃべりまくって、僕の英語力を爆上げしていこうと思う。

行きつけのバーを探せ

新しい趣味を見つけようと思い、フォロワーさんがどんな趣味を嗜んでいるのか聞いてみた。すると、僕一人では絶対に思いつかなかった新しい趣味候補をたくさん紹介してもらった。なかでも、出会いを求める僕にぴったりな趣味として、「行きつけのバーを見つける」という提案に惹かれた。

「バーの常連になると、マスターが人を紹介してくれることもあるよ」

おぉ〜！　自分が気に入るバーを探すのも楽しそうだし、初対面の人と話す機会もあるバーであれば会話スキルも上がる。さらに、新しい出会いにも繋がるかもしれない。お酒もまあまあ好きなので、より一層外出する機会が増えそうだ。

思い立ったら吉日、という言葉を信じて下北沢駅周辺でバーを探すこと30分……。たくさんありすぎて、どこに入ればいいのか分からない！　ちなみにこの日の天気は雨。しかも時間は夜22時半だ。そして、平日ど真ん中の水曜日。早くバーを見つけて入らなければ、出会いはおろかバー巡りすらできない。このままだとずっと歩き続けてしまうと危惧した僕は「次、見つけたバーに絶対に入る」と意気込んで歩みを進めた。

僕の入る店が見つかったのはそれからすぐのことだった。道路にポツンと看板だけが出ているバー。どんな料理があるのかも、コンセプトすら分からない。2階ということもあり、外から店の中をうかがうことはできず、どのくらい人がいるのかもまったく分からない隠れ家的なバーだった。

恐る恐るバーのドアを開ける。ざっと見た感じこのバーには今のところ人はいなそうだ。席に着くと女性の店員さんが一人と、店のマスターらしき人が座っていた。注文を済ませると、店員さんが気さくに声をかけてくれた。

「うちの店、入りにくくありませんでしたか？　外からだと雰囲気が分からないし、店内も暗いので、ドアを開けても店内には入らずそっと立ち去るお客さまが多いんです」

それからの会話は自分がバー巡りしていることや、海外のお客さんがどのくらい来るかなど、他愛ない話をして過ごした。話をするうちに分かったのだが、このお店は通常は朝5時までの営業。しかし、水曜日だけは0時半には閉店するらしく、僕が店に入ったのは閉店時間ギリギリだった。

お酒に飲まれることもなく、ただ気持ちよく酔っぱらっただけの僕は、別のバーへと向かうことにした。

2軒目に選んだのは燻製バー。このお店を選んだのは、単に僕が燻製好きだからというシンプルな理由。看板に並んだ料理の写真を見ているだけでよだれが止まらない。このお店に入ったときには常連とおぼしき男性二人がいるだけで、ほかにお客さんは見当たらなかった。

このお店のマスターは、すごく物腰がやわらかく話しやすい雰囲気を作ってくれるのが印象的だった。僕との流れるような会話から、自然に仕事へとフェードアウトして、仕事が一段落すると自然にフェードインして会話を再開。

会話の選び方もすごく上品で、聞かれたくないであろうことは踏み込まずに、そのうえで手持ち無沙汰にならないであろう会話を提供してくれるのだ。初対面の人なのに、こんなになめらかに会話ができるなんて、本当にバーのマスターってすごい。

残念ながら、今回のバー巡りでは女性と出会うことはできなかった。でも、こんなに圧倒的な会話スキルを見られたのだから、やっぱり行動してみて良かった。

この動画をアップしてからいただいた姉やフォロワーさんのご指摘に驚愕したので、あわせて紹介しようと思う。

姉

「1軒目のお店はすごく入りにくいお店だったんでしょ？　それなら女性一人では行かないかも」

……確かに!!　そうか、女性と出会うことを考えているのなら、女性が一人でも入りやすいお店を探さなければいけないのか!!　盲点だった。完全に頭から抜けていた。さらに、2軒目のお店についてもひと言。

フォロワーさん

「燻製って服に匂いがつくから、あまり女性一人では行かなそう」

……はぁっ!!　確かに！　的確すぎて言葉が出ない。自分の求める出会いがどんなところにあるか、ある程度考えてお店選びをするのも大事なことだ。そば屋さんにそばアレルギーの人が行かないように、本を読まない人が図書館に行かないように、出会いと場所は密接に関わり合っている。

次にバー巡りをするときには、自分がどんな人と出会いたいのか、どんな時間を過ごしたいのかを考えてお店を選んでみようと思う。

バー巡りは、今や僕に欠かせない趣味になっている。

カメラとともに

ある日、姉が昔使っていたカメラを譲ってくれることになった。新しい趣味になるかもしれないと思い、これを機に写真を始めてみることにした。またもや思い立ったが吉日、さっそくカメラ教室を予約することにした。

当日、僕以外の参加者は、60代女性、40代女性、20代男性だった。レッスンがスタートすると、先生が、自作の冊子を使って、カメラの仕組みやどうやったら背景がボケるのかなどを教えてくれる。言われたことを実践しつつ、撮った写真を先生に見てもらうことに夢中になってしまい、結局参加者の誰とも話をすることができなかった。

今回は僕と歳の近い男性もいたので、話しかけて友達になれば良かったと、のちのちになって悔やんだ。だから、もし今度どこかで同じような機会があったら、自分から誘ってみようと思う。

カメラは、今僕の趣味になりつつある。元々スマホで写真を撮るのは好きだったけど、スマホとカメラは味わいが違う。いつも見ている景色なのに、カメラを通して見るとそのまま一つの作品になりそうなくらい印象が変わる。同じ場所なのに、レンズを通すと特別な場所に見える。そういう変化がカメラの面白いところだ。

まだまだカメラのスキルは上がっていないけど、格段に外にいる時間が長くなったのもうれしい変化。家にいるよりはどんどん外に出たほうが、きっと刺激をもらえるし、その先には出会いもあるかもしれない。

そして、この趣味は今回の書籍制作でも発揮された。実は、p172~179の姉との対談企画で使われている写真は、姉と協力して撮影したものだ。お互いに写真を撮影し、今回書籍へと載せていただけることになった。本当にうれしい。

カメラ教室で撮ったベストショット。僕もいつかこんなふうにきれいに咲ける日が来るだろうか。

姉弟対談

姉から見た“ミタカってこんな人”

幼いころからミタカを見守ってきた姉から見て、
弟はどんな存在なのか？
超がつく努力家、意外とロック好き etc.
身内だから知る実態に迫る！

「彼女作りたい！」「おぉ、ついに来たか！」

――お姉さんはミタカさんの良い面も悪い面も知っていると思いますが、お姉さんから見てミタカさんはどんな男性ですか？

（姉）ひと言で言うと、めちゃくちゃいい人。とにかく怒らない。

（ミ）あ、ありがとうございます。そんなふうに言っていただけるなんて。

（姉）まったく関係のない他人の話でももちろん怒らないし、自分が直接関係していることでも怒らないもんね。たまに私が「ちょっと聞いてよ～」みたいに愚痴ったりするじゃない？　そういうときも「まあまあ、その人はこういう気持ちだったのかもしれないじゃん」って諭してくる。
（ミ）どんなものであれ、争いごとに発展させたくないって気持ちが強いから。
（姉）怒るのは、Wi-Fiの速度が遅いときくらいだよ。
（ミ）Wi-Fiの遅いのだけは許せないんだよね（笑）。

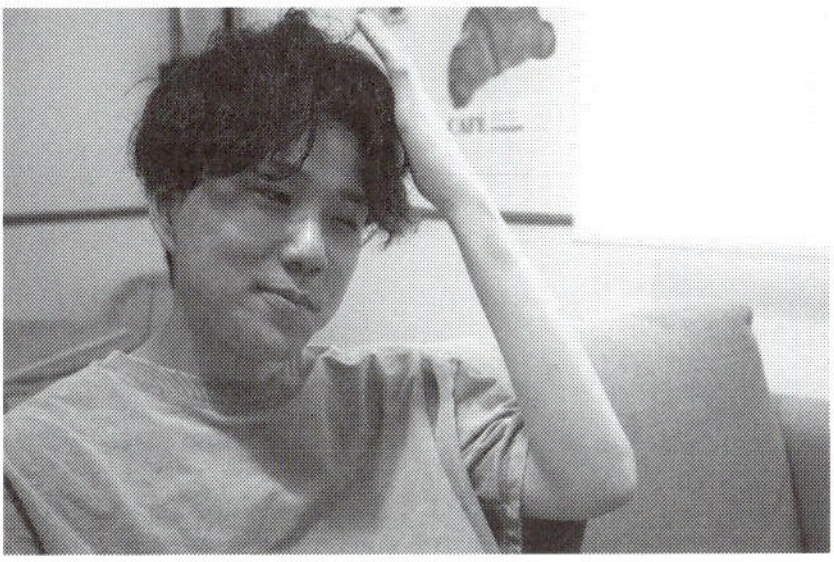

――ミタカさんから自分磨きの相談をされたとき、お姉さんはどう受け止めましたか？
（姉）素直にうれしかった。あと、良かったというか、ホッとしたって感じかな。母と3人でごはんを食べてるときに、弟はいつまでこんな感じなんだろうか、彼女は作らないんだろうかって心配してたから。
（ミ）え、二人してそんなに心配してたんだ（苦笑）。
（姉）だから、彼女作りたいって相談されて、私は内心「おぉ、ついに来たか！」って思ったんだよ。自分磨きしなくても彼女ができたかもしれないけど、正直なところ姉じゃなかったら、男性としては私は好きにならないからさ。

――自分磨きを続けているミタカさんですが、何か変化を感じますか？

（姉）印象がガラッと変わったのは、眼鏡からコンタクトにしたとき。あと、無地系の服を着て、ハッピーに過ごしてるのが印象的だよね。無地の服が似合ってるってみんなに言われたからなのか、すごくハッピーそうに見える。以前は柄物じゃないと嫌だって感じだったのに。ポケットが胸のところについている服とかたくさんあったもんね。
（ミ）ポケットが多めの服は、古着屋さんにかわいいって言われたから、それを信じて着続けてたんだよね。あと、ポケットつきの服を「これ、一点ものですよ」って言われて、これっていいものなんだって信じてた。
（姉）私から見たら、本人のポテンシャルは高いと思うんだよ。身長は高いし足も長いし。でも、はっきり言って服がダサい。特に色の合わせ方が……ね（笑）。本人の顔がやわらかいのに、なんで色とか柄とかがバキバキに入っている服を着たがるのか。絶対合わないのに。
（ミ）そういうの、教えてもらうまでは分からなかったんですよ。
（姉）弟が17歳くらいのときかな。イギリスのメタルバンドに一時期ハマってて、それに影響されてメタルっぽい服を着てた時期があって。
（ミ）あったね、そんなこと。「キルスター」（ブランドの名前）って書いてあるシャツを着てた。
（姉）私はそれとなく「部屋着にしなよ～？」って言った

の。なのに渋ってたよね（笑）。1周回ってみたらおしゃれっていう服もあるけど、あのシャツは5周くらい必要。アクセサリーとか髪型とかもこだわって、それでようやく服が輝く、みたいな。そういう着こなしの難度が高いシャツを単体で着てたんだよ。しかも、そんな尖った服着てるのに、物腰はやわらかいんだもん（笑）。

——そういうエピソードがお姉さんの中にたくさん溜まってそうですね。

（姉）髪の毛をブルーにしてきたときもあったね。染めた理由も聞いたはずだけど忘れちゃったな。

（ミ）それもメタルのシャツと同じでバンドカルチャーに憧れてたから。たぶん変化を求めてたんだよね。あと「BAD MOTHER FUCKER」って書いてある財布も持ってたけど、姉にも母にも「これはやめたら？」って優しく言われたのを覚えてる（笑）。

（姉）いや、バンドカルチャーだけじゃないから。スウェットの真ん中に、でかでかとピザの絵が描いてあったり。服でどんだけ主張するつもりなんだろうと思ってたよ。

（ミ）あれ、かわいかったと思うけどな。僕、ピザ好きだし。

（姉）いやいやいや、ピザだけじゃないから。「闇」って書いてあるTシャツとか。病んでるのかなって思って心配してたんだから。「病」って書いてあるやつもあった。これも母と一緒に「着るのやめなよ」って忠告したのに「これ、高かったんだよ」とか言って、謎に価格基準で渋ってた。

（ミ）服に全然興味ないころって、洋服代の1万5000円ってかなりの大金だもん。あのTシャツ、母から「洗濯するたびに嫌な気持ちになるから、さっさとどうにかしてくれ」ってずっと言われてたんだよね。外に洗濯物を干すから、ご近所の人にも不審がられるかもって。

（姉）こんなふうにファッションのことといろいろアドバイスしてるけどさ、私自身はそもそもファッションにそれほど興味がないんだよね。ワンピースが楽だなとか、流行りものが嫌いとか、来年や再来年になっても着られるかなとか、そのくらいしか考えてない。ファッションの参考としてインスタを見る人もいるけど、私はあんまり見ないし、雑誌をパラパラ眺める程度だから。

（ミ）長く着られるっていうのは僕も意識してるかも。この服いつまで着るかな、みたいなことを考えて買ってる。母は安いからっていうだけで服を買ったりしてるけど。

（姉）私が洋服選びで大事にしてるのは、唯一「足るを知る」ってこと。20代前半のときにオーストラリアにワーホリに行ったんだけど、服をそんなにたくさんは持っていけなくて。でも、どんな服を着ていても友達と遊ぶときの楽しさは変わらないんだなってことに気付いたの。それが心地よかった。それから、服をたくさん買い集めなくてもいいんじゃないかって思うようになったんだよね。

いいときはいい、違うときには違うとはっきり言い切る姉への信頼感

――ミタカさんにアドバイスするときに気をつけていることは？

（姉）本人のプライドを傷つけないようにっていうのはかなり気をつけている部分。それから、弟はぬいぐるみではないし、私の好きなタイプに寄せるのは違うと思ってる。私の好みとは関係なく、弟の長所を見つけて「こういうところが素敵だから、こうしたほうがいいんじゃない？」って伸ばしていく感じ。

（ミ）僕としてはアドバイスが具体的で助かります。

（姉）具体的に提示するのも大事だと思ってるの。言葉が足りないとケンカになるし、分かりやすく伝えたいっていうのが私の性分でもあるし。だから服選びのときも「こういう感じ」とかじゃなくて、商品を2つ並べて「こっちとこっち、どう思う？」って。あと、何かを押し付けるのも極力しないようにしてるよ。「これがいいと思う」って言い切るんじゃなくて「これがいいかも」って選択の余地を残すようにしたり。

（ミ）気を遣ってくれているのはすごく感じるよ。いつも言い方が優しくて、気を遣いつつ分かりやすく説明してくれる。それでも伝わらないときもあるんだけど、そういう場合は「こう思っちゃうかもしれないけど、そういう意味じゃなくて」って前置きをしてから話してくれたり、相手を不快な気持ちにさせないように考えてくれる。そういう話し方って今までやってきた仕事と関係ある？

（姉）いや、ないかな。自分の性格だと思う。

（ミ）今みたいに、違うことは違うってはっきり言ってくれるのも大事なこと。いいときはいい、違うときには違う、そこがはっきりしてるから信頼できるんだと思う。

高校の成績が４００位から13位に。がんばりと素直さがいいところ

――現在のミタカさんを見て「まだまだもの足りない！」と思う部分はありますか？

（姉）コミュニケーションのとり方がまだまだぎこちないなと思う。ＬＩＮＥのやり取りも語尾が変だったり。対面で話すときとテキストだけのやり取りの違いとか、テキスト特有の冷たい感じとか、そういうものを気付いてなかった。

（ミ）ＬＩＮＥで絵文字とかめったに使わなかった。フランクすぎるのも失礼かなと思ったからなんだけど、冷たく見えちゃうんだね……。

（姉）それから、もっと積極性があっていい。いろんなことに対して積極さが足りないと思うな。欲しいものがあっても「これが欲しい」って声に出さない。「彼女が欲しい」っていうのも、思ってるだけではまわりの人に伝わらないんだからね。出会いを求めてバーに行っても、何もアクションを起こさなかったら、ただお酒を飲みに来てると思われちゃう。「彼女を作りに来ました」って直接的なことを口に出すのはさすがにやらしすぎるけど、出会いを求めてますよっていうアピールをある程度はしないと。

（ミ）シンプルに内向的なんだよね、僕。でも、最近は「こうしたい」「こうなりたい」って口に出すようにしてる。人と会ったら「彼女が欲しい」とか「どこで出会うんですか？」とかそういう話をするように心がけていて、そうやって話しておくと「合いそうな人がいたら紹介するね」って繋がるようになってきた気がする。

（姉）そういうところ、根っこの部分が努力家だよね。高校時代に成績が４００位から13位になったこと、あったでしょ。引きこもりみたいになってて成績も良くなかったのに、勉強がんばろうってなったら１日10時間くらい机に向かってた。あれ、きっかけはなんだったの？

（ミ）あのころは、成績の順位で僕の下に２人しかいないような状況で。母親が心配して知り合いの人に引き合わせてくれて、その人に「キミはこのままだとまずいぞ」って活を入れてもらって火がついた。文系っていうこともあって数学は１００点満点中３点しか取れないような有り様だったんだけど、２か月くらいがんばった結果、文系のなかでは数学が１位、全科目の模試の順位も学年で10番内に入れたんだよね。

（姉）それ、私は努力家だと思うけど、自分では努力してる感覚はないの？

（ミ）努力というか……没頭している感じ。やろうと思ったときは徹底的にやる。だけど、興味がないことは全然できない。自分磨きもそういう部分があるのかもしれない。

（姉）私がアドバイスすると「そうかなぁ」って言いながら、興味持って自分で調べはじめるもんね。努力もするし、素直でもあると思う。私から聞いたことやSNSで教えてもらったことを、ひとまず前向きに検討するでしょ。鵜呑みにしてるわけではなくて、しっかり調べて、自分がやってみたいと思うことを選んでいる。そういうがんばりとか素直さとかが伝わって、応援してくれる人が増えているんだろうなって思うよ。

マインドギャル？ それともリードしてくれる年上の女性？

――お姉さんの見立てでは、ミタカさんにはどんな彼女が合うと思いますか？

（姉）絶対、引っ張ってくれる人が良いと思う。てか、どんな人がタイプなの？

（ミ）マインドギャル。でも、まわりの人に「好みのタイプはマインドギャル」って言うと、「マインドギャルは恋愛経験が豊富な人も多そうだから、もっと純朴なタイプのほうが似合うのでは」って言われる。

（姉）マインドギャルがいいっていうのも分かるけどね。純朴な二人だと何も発展しないで終わってしまいそうな気もする（笑）。たぶんリードするのが苦手だろうから、年上で母性があって引っ張ってくれる女性がいいんじゃないかなって私は思ったの。

（ミ）確かに、年下の女性からリードを求められたら僕、困っちゃうな。

（姉）引っ張ってくれる女性がいいっていうのはあくまでも私の見立てだからね。自分に合う人を見つけられたらそれでいいと思うよ。だけど、思いつめるタイプの子はやめておいたほうがいいかもね。気持ちが引っ張られて一緒に思いつめそうだから。そういう子が横にいても自分を強く保てるっていうタイプじゃないでしょ。また「闇」Tシャツに逆戻りしちゃうよ（笑）。

共通の趣味を一緒に楽しめるお姉さんカップルが理想

（ミ）実を言うと、姉と彼氏は僕にとって理想のカップルなんですよ。

（姉）え、そうなんだ。どういうところが？

（ミ）一番いいなと思うのは、

趣味を共有しているところ。二人で一緒にピクニックに行ったり、居酒屋巡りしたりして「ビールの泡が違うね！」って笑い合ったり。興味ないけど付き合ってもいいよとかじゃなくて、二人の共通の趣味があって一緒に時間を過ごしてるのがいいなって思う。

――彼氏さんを見て、男として学べる部分もあるかもしれませんね。

（ミ）話していると余裕を感じるんですよね。いい意味で楽観的で、それこそ男性のマインドギャルって感じがする。そういう部分のおかげで、安心感とか頼りがいみたいなものを感じるのかも。あと、料理が上手い。

――お姉さんの恋愛観で「これだけは譲れない」というものは？

（姉）仕事の愚痴を言わないこと。仕事の話を家に持ち込まないのは一番大切だと思う。外であった嫌な出来事を二人の空間に持ち込んでほしくない。愚痴を聞くことはできるけど、私が聞いても問題が解決するわけじゃないし、私には何もできないし、仕事のことは上司と話をすればいい。今お付き合いしている人は、デートの最中に仕事のことを話さなかったから「これはいい！」と思ったの。

（ミ）そういう話を聞くと、やっぱり恋愛経験って大事なのかなって思いますよ。

（姉）私は、たくさんの人と恋愛するほうがいいと思ってるよ。理想の人に早い段階で出会えたらいいよねとは思うけど、恋愛経験を積まないと、その人が理想の人なのか、自分に合う人なのか、分からないんじゃないかな。

（ミ）なるほど。

（姉）目が肥えるとか舌が肥えるってよく言うじゃない。美術品とか映画とかをたくさん見ないと目は肥えないし、いろんな料理を味わってみないと舌は肥えないし。それと同じで、いろんな恋愛を経験しないと目の前の恋愛の良し悪しが判断できないし、理想の人に出会えたとしても気付くことすらできないと思う。だから、騙されてもいいし傷ついてもいいから、たくさん恋愛したほうがいい。自分なりの基準や軸がないまま流されてしまうことが一番怖いと思うよ。

――お姉さんの中にある、自分なりの基準や軸はどんなものでしょう？

（姉）すごく普通のことかもしれないけど、だんだんと「見た目より中身」を重視するようになったと思う。以前に「この顔好き。見た目100点」っていう男性がいて。原宿を歩いてるとモデル事務所からスカウトされるような人だった。その人とお付き合いすることになったんだけど、徐々に「内面が足りてないな」と感じるようになってしまった。彼は自分の言うことが全部通ると思っていて、こっちが折れるのが当然っていう態度で、私は怒っているよりは笑っているほうがいいと思って、いろんなことを我慢してた。でも、そうやって無理して付き合ってたから、長く続かなくて。顔だけがいい人と一緒にいても私は幸せになれないって気付いた。それからは、中身重視で人間的に成熟してる人と一緒にいたいと思うようになったの。「見た目より中身」っていう当たり前のことも、いろんな恋愛を経験しないと分からなかったと思う。

(ミ)最近、姉の性格が丸くなってきた気がするんだけど、もしかしてそれも恋愛経験のおかげ？

(姉)性格が年々丸くなってるのは、今の彼氏が良い人だから！

内面を知ってもらうための入り口として、見た目も大事

(ミ)僕も「見た目より中身」が大事。95%が内面、残りの5%が見た目、くらいの割合かな。

(姉)そうだね。内面を知ってもらうためのきっかけ、入り口として見た目は大事だよ。

(ミ)でも、その人の内面をいいなと思えると、それだけで見た目もかわいく見えてくる現象、たまにあるんだよね。

(姉)恋人いない歴が長い人は、見た目に気を遣えてない人も多いんだけど、それはもったいないと思う。自分のことを知ってもらうところまでたどり着けないから。あと、恋愛経験が少ない人は、お話ししてる最中にカッコつけちゃうというかすましているというか……。そういう感じだと、気持ちとかテンションの盛り上がりを感じられなくて、恋愛に発展しにくいかも。

(ミ)うーん、女性とお話しできたら内心は「うおぉぉっ！」ってなってるんだけどな。

(姉)だからその気持ちが表に出てないんだってば（笑）。

最終章　自分磨きで僕の人生は変わった

ここまで読んでくださり、本当にありがとうございます。結論から言うと、残念ながらまだ僕には彼女はできていません。こればかりは相手あってのことで、引き続き努力を続けます。でもそれ以上に、自分磨きをがんばったことで多くのものを得ることができました。

自分磨きをしてみると、外見はもちろんですが内面にも大きな変化が見られるようになりました。たとえば、積極的にジムに行くようになったこと。始めたころには「予約したから行くか……」というテンションで重い腰をあげて行っていましたが、今では映画『ファイト・クラブ』のときのブラッド・ピットの体を最終目標に、トレーニングに励んでいます。

健康面での変化でいうと、食べるものが変わったこと。昔はジャンクフードをしょっちゅう食べていましたが、グルテンフリーに挑戦した際に「人は食べたものでできている」ということに気が付き、自炊を取り入れるようになりました。

食べるものが変わると、肌の調子も少し変わっていることに驚きました。さらにうれしい変化だったのが、朝もすっきり起きられるようになったこと。食事が変わると生活習慣が変わり、豊かな時間を過ごせるようになりました。

そして見た目に関しても、面白いことを発見しました。それは、ホメオスタシスが外見磨きにも発動したこと。ホメオスタシスとは、体を一定の状態に維持しようとする働きのこと。自分磨きに当てはめてみると、「人は一度努力して基準値が変わると、元に戻るのが嫌で努力した状態を維持しようとすること」かなと思っています。

僕は自分磨きの一つとして、眉毛サロンに行きました。ボサボサな眉毛が整って、最初は鏡を見るたびに眉毛が整っていることに驚いていました。しかし眉毛は1か月ほど経つと、また伸びてきます。ここでホメオスタシスの発動です。一旦きれいになった眉毛が汚くなると、元に戻るのが嫌なのでその翌月も眉毛サロンに駆けつけました。これは髪型や肌にもいえることで、最初こそがんばって変化させませしたが、そのあとは戻りたくないという本能が発動して無理なく眉の手入れを続けられています。

自分磨きをして一番良かったことは、自分の知らない世界に積極的に行くようになったことです。この前街を歩いていたら、いい匂いがするおしゃれなお店を見つけました。そこは有名な香水屋さんでした。今までだったら「香水屋さんなんて、僕が入っていい場所ではない！」と思い込んでいたので、店内に入ろうなんて微塵も思わなかったです。

しかしながら、その日はふらっと入ってみました。店員さんはいろんな香りについて説明してくれました。結果、まんまと香水というものにハマり、新しい世界が開けました。香水屋さんに行くくらい普通じゃない？と思う人もいると思います。まわりから見たら小さな一歩ですが、好奇心で行動してみる。こんなことの繰り返しで人生は楽しくなっていく気がしています。

コミュニケーションの面でも、前より積極的になったと思います。Instagramで発信活動をするなかで、有名な経営者の方とお会いする機会がありました。いくつもの事業をしている方で、ひょんなことからごはんに誘ってもらいました。今までだったら緊張して上手に話せないことが分かっていたので、絶対に断っていたと思います。

でも変わろうと思ってせっかくSNSを始めたんだし、「ずっと家にいたらダメだ！変わるんだミタカ！」と心の中で唱えて、行くことに決めました。

緊張は当日になっても解けず、胃薬を飲んで会場入り（笑）。何話したらいいの!?と緊張してすごく焦りましたが、部屋のベッドでスマホをいじって、気が付いたら2～3時間が過ぎているより、外に出て緊張しているほうがよっぽど良い経験のように思えました。どんなに緊張したとしても、上手く話せなかったとしてもです。

今まで交流の場に足を運ぶこと自体なかった僕にとっては、その場にいるという事実だけで、前に進んだことになる。だから、上手くいかないことを悩むのは、一旦やめることにしました。

そしてSNSを通じて、Instagram や YouTube で発信活動をしている友達もできました。みなさんとてもポジティブで、親切です。目標に向かって努力している姿を見ると、僕もがんばろうという気持ちになれます。「明日は今日の繰り返し」と思っていた数か月前の自分が、今では明日を楽しみに寝るようになりました。仕事は今日より明日はもっと成果を出したいと思うし、もっとかっこよくなりたいと思えるようになった。それは「行動をすれば人は変われる」ということに気が付けたから。

僕は、本気で変わりたい、人生を好転させたいと思ったとき、人はやっと変化のスタート地点に立てるのだと気が付きました。その後、SNSという場所で宣言（発信）をすることを決意。そこはあとに引けないくらい沢山の方に見られる場所でした。

発信活動をするなかで、アンチの方から批判もされるだろうと覚悟していました。でも予想に反して、みなさん優しかった。もちろんゼロではないですが、アンチがいない発信者はこの世にいません。良くも悪くも、このSNS全盛時代を生きていることに感謝をしながら、変わりたいと言葉にして、いつか変われると思い込んで行動を続けました。

少し話は逸れますが、よく「行動力があるね」とか「継続的に努力をしていてすごい」と言ってもらえることがあります。しかし僕は、元々継続したり努力したりするのが得意なほうではありません。がんばる理由を見出せないと、1ミリも努力ができないタイプです。

例えば、高校生のころは数学を勉強する理由が見つけられず、ノー勉で挑んで4点を叩き出したことがあります。

数学を勉強する意味が見出せなかったので、努力ができませんでした。その後、このままでは卒業ができないと危機感を覚えたときに、初めて数学の勉強をして、点数は4点から90点にアップ。1年で必要な点数をなんとかクリアし、卒業しました。

大人になり、仕事で大きな壁を乗り越えないといけないことがありました。

そのとき、本で読んだちょっとした自己暗示をしていました。

それは朝、鏡に向かって目標を宣言して、夜は夢がかなったと仮定して鏡の自分に話しかけるというもの。若干スピリチュアル臭いなと思いながらも、朝は「仕事で成果を出す」という目標宣言をして、夜は「仕事で成果を出した」と自分に話しかけていました。

しかし、途中で身が入らなくなってしまいました。なぜそうなったのかと考えたところ、がんばる目的が抽象的すぎて、モチベーションに繋がりづらくなっていました。そこで目的を明確にしようと考えたところ、「親孝行をしたい」という思いがこみ上げてきました。

マザコンではないのですが、僕は母が育ててくれたことにすごく感謝していて、残りの人生を充実して過ごしてほしいと願っています。

そして、親孝行をするために仕事をがんばろうと決めました。目的を決めてからは、確実に努力ができるようになりました。

がんばりたいことがあっても、イマイチがんばれないことがある人は、まずは目的を考えてみると行動ができるかもしれません。

話は戻ります。僕は子どものころから本が大好きだったのですが、行動を続けた結果、まさかの自分が著者となり、出版することができました。何より友達もほとんどいない、仕事の人間関係も薄かった僕が、20万人以上の方に見てもらえるようになり、いろいろな言葉をかけてもらえるようになった。

「ミタカさんみたいに私も自分磨きがんばります。きっかけをくれて感謝しています」
「息子みたいに応援しています！　がんばって！」

一瞬の勇気で始めたSNSのおかげで、こんな言葉が毎日届くようになり、本当に一歩を踏み出してみて良かったと思いました。今の僕は「自分の意思で決めて、自分で言葉にして、自分で行動する。そうすれば、少しずつ人生が好転する」と自信を持って言えます。

本書を読んでくださった方の一歩を踏み出すきっかけになれたら、とてもうれしいです。新しい挑戦をするなかで、しんどいこともあると思います。そんなときは、ぜひ誰かに話をしてみてほしいです。親や友達に話すのが無理そうであれば、SNS上でもいいと思います。思っていることや、感じていることを話すと、悩みを分かってもらえたり、共感してもらえたりします。思っている以上に人って優しいです。

最後に、本書の制作に関わってくれたスタッフさん、何より協力してくれたフォロワーさんと姉、みなさんのおかげで無事に本を出すことができました。ここで感謝を伝えたいです。本当にありがとうございました。

After

※2024年8月の僕

ミタカ

24年間彼女なしの社会人。2023年11月、初の彼女を作るべく、その記録のためにInstagram（@mita_ka_life）を始める。開設後半年で20万フォロワーを突破。自身の姉やフォロワーからのアドバイスをもとに、自分磨きをがんばっている。

デザイン＝森敬太（合同会社 飛ぶ教室）
イラスト＝ユア
写真（P172-179）＝ミタカ姉弟
DTP＝G-clef
校正＝ぴいた
取材協力＝山岸南美
編集＝伊藤甲介（KADOKAWA）

Special Thanks
ミタカ姉
ミタカ母
宮井梨江

Special Thanks!

ご協力いただいたフォロワーのみなさん

**本書の制作にあたり、大変多くのフォロワーさんにお世話になりました（敬略称）。
ここに載っていない方含めて、本当にありがとうございました。**

弥生、ふみきゅん、真愛、伊藤せり、えとゆはり、もしゆきたくちん、ゴール・P・ロシャー、みぽこまる、宇宙で輝くひとつの星、masami、長谷彩加、もえ、mina、つむぎ、中谷歩、みらい｜メンズ美容で大人男子へ、中野友美、マキ、kanakope、FILER、イケガミ .M、ぽち、Tae Yamashita、巴菜、深津一成、るいこすた、べーこん、つむ、yuko nakajima、じゃすみ、大滝千里、あちゃん、さつき、なかむ。、ののの、KIO、なつ、岡本雅世、たまご、ななえもん、みっくりん、柴田恭吾、ゆい、raty、ほしうみ、さと 310、てふ、弥希子、きょーちゃん、いとうふみの、renak、maron、ばなな、yukimo、shiorimama、NORIKO(OGASA)、ごあ、601 号室のてけ、おはぎちゃん、大澤かな、ももみみ、なっちゃん、みくりゃん、かなみん、のりぴ、Sumire Issy、小林　茉子、まつまり、しょこちゃん、さっちん、ほー、なよん、森彩加、阿部春花、matemaru、みきちゃそん、りんちゃん、どぺぴっぴ、ファン 1113 号、みか B、てれさ、まみちむ JUNON、竹内祥子、にーふこら、珠莉、さしみ、おこめ、未来、いしはらのどか、

タカミ　カメカ、あおやぎえりな、まろんだいすき、たかみー、かず、げんくん、小園さん、なぎたん、ケロポコス、泉名、みとまみか、佐藤ひとみ、of、ねこ、ユアサ、まりも、aida bura、ラテ丸、美依、みくに、もゆ、仙川の nami、mmos.j、さおりん 05、aili1224、ガジコ、柾谷みっちゃん♪、ito_ito_sun_high、しろねこ、りえのんこ、あき☆ルイ、しよこ、かぼちゃ、まるぴー、おめでとんとん、あんこ、じゅん 666、朋、ｍｏｍｏ:)、4 児のママのんちゃん、稲舩晴香、いろやま、かごめ、田原友衣子、鍋倉　玲緒、逆でびゅー。、ゆづきちゃん、悠子、サーモンジャケ、コロ助、スットコドッ恋、さっきーまきまき、ringo、げんくん、安達由紀子、sachie.F、Gakky24、佐藤 梨有、まなみん、mai miya、南川朋香、ひがぶり、ゆあっぷる、みょん、ふうりん、ma_dians、いり、アミコナ、本間晶子、ayac_o、もふみ、杏香、れおち、S.HIROYO、はまみたす◎、ハマノユキコ、永田　里衣、モーリス、あさみちゃん、YP、おかゆ、yuki_55、まちょ、岡本夏子、コロマロ 8888、ゆってぃ、すい、れいな、遠藤 杏唯、酒井美和子、櫻井ひろみ、カオリン、ゆー D、ミツバ葵、山崎裕加、よーちゃん

初《はじ》めての彼女《かのじょ》を作《つく》るために姉《あね》とフォロワーさんに相談《そうだん》しまくった自分磨《じぶんみが》きの話《はなし》

2024年9月12日　初版発行

著者／ミタカ

発行者／山下 直久

発行／株式会社KADOKAWA
〒102-8177　東京都千代田区富士見2-13-3
電話　0570-002-301(ナビダイヤル)

印刷所／TOPPANクロレ株式会社

製本所／TOPPANクロレ株式会社

ISBN 978-4-04-607060-9　C0095